감천문화마을 산책

감천문화마을 산책

초판 1쇄 발행 2016년 7월 30일

지은이 임회숙
펴낸이 권경옥
펴낸곳 해피북미디어
등록 2009년 9월 25일 제2009-000007호
주소 부산광역시 연제구 법원남로15번길 26 위너스빌딩 204호
전화 051-555-9684 | 팩스 051-507-7543
전자우편 bookskko@gmail.com

ISBN 978-89-98079-17-8 03980

*책값은 뒤표지에 있습니다.
*파본은 구입하신 서점에서 바꾸어 드립니다.
*이 도서의 국립중앙도서관 출판시도서목록(CIP)은 서지정보유통지원시스템 홈페이지(http://seoji.nl.go.kr)와 국가자료공동목록시스템(http://www.nl.go.kr/kolisnet)에서 이용하실 수 있습니다.(CIP제어번호:CIP2016015381)

감천문화마을 산책

임회숙 지음

해피북미디어

들어가는 말

사람이 살고 있었다. '문화'란 이름으로 떠들썩한 '감천문화마을'에 사람이 산다는 것은 당연한 일일 것이다. 그런데 너무도 당연한 그 사실이 새삼스럽게 놀랍다. 사람 하나 겨우 지날 정도로 좁은 골목길, 까마득하게 비탈진 계단과 지붕을 겹쳐 놓은 듯 차곡차곡 줄지어 선 집들. 감천문화마을에서 만나게 되는 풍경들이다. 소박한 풍경들을 보면서 척박했을 지난 시간을 짐작해 본다. 짐작이라 했지만 어림없는 소리다. 살아 보지 않은 세월의 무게를 어찌 알겠는가. 단지 켜켜이 쌓인 시간의 흔적을 잠시 구경할 수 있음에 감사할 뿐이다.

햇살 좋은 옹벽 아래 모여 앉은 할머니들의 하얀 머리 위로 포근한 햇살이 내리고, 벽마다 매달린 물고기들은 하늘을 향해 헤엄을 친다. 비탈길 구석에 장만해 놓은 화분에는 철쭉이며 모란이 잘도 자란다. 텃밭 곁에 꽃을 피운 매화 향기에 이끌려 좁디좁은 골목길을 기웃거린다.

버릴 법한 대야에 꽃을 심고, 전신주와 전신주 사이에 줄을 묶어 빨래를 넌다. 삐뚤게 쌓아 올린 벽돌 계단은 시간의 무게를 이끼로 품고 있다. 비바람을 견딘 나무 대문은 새로 칠을 해 반짝거린다. 비눗갑 등속을 올려놓은 간이 세면대는 다리가 삐뚤어진 의자다. 500년이 지나도 썩지 않는다는 플라스틱 병은 모가지를 잘라 수세미를 담아 놓았다.

사람이 살고 있기에 '문화'라 부를 수 있는 것 아닐까. 이곳 감천문화마을에서는 찌그러진 대야도, 빨래를 매달고 있는 빨랫줄도, 낡은 나무 대문도 문화다. 삐뚤어진 의자와 청소 용구함이 된 플라스틱 병도 재생을 통해 새롭게 탄생한 문화다. 문고리를 대신해 달아 놓은 장판도, 전망대로 쓰이는 옥상의 간이 의자도 사람의 문화다. 사람의 문화는 소박한 것에서 시작되어야 빛을 발할 수 있다. 대단한 무엇인가를 꿈꾸는 문화가 진솔하지 않고 거추장스럽게 느껴지는 것은 어쩌면 삶이 느껴지지 않기 때문인지도 모르겠다.

손때 묻은 것들이 품은 시간과 기억들을 오롯이 들여다보지 않는다면 그것은 살아가고 있는 사람에 대한 예의가 아닐 것이다. 늘 곁에 있어 소중함을 몰랐다는 변명을 버리고, 모르는 척 외면했던 감천문화마을을 요모조모 살펴보았다.

이곳에 터를 잡고 평생을 살아온 주민과 이웃들의 이야기도 들어 보고, 마을 한 귀퉁이에 작업실을 내고 자신만의 예술 세계를 찾고 있는 작가들 생각도 들어 보았다. 사람들과 부대끼며 음식을 파는 가게집 이모들의 이야기와 마을 안내를 도맡아 하는 관광해설사의 소중한 정보들이 이 책에 모여 있다. 귀한 시간을 내어 주신 분들의 소중한 이야기가 잘 녹아들었기를 바라는 마음이다.

글을 쓰는 데 도움을 주신 모든 분들께 감사한다. 특히 긴 시간 이야기를 들려 주신 윤대한, 손판암 할아버지와 아트숍 송미애 씨에게 감사의 말을 전한다. 그리고 감천에 문화가 넘칠 수 있도록 애쓰신 진영섭 작가님에게 더없는 감사를 전하고 싶다. 또한, 자신의 작품 사진을 허락해 준 전영철, 유현민, 전미경, 김미경, 노아인, 안해표 선생님에게도 감사의 말을 전하고 싶다. 무엇보다 부산을 사랑하는 해피북미디어 출판사와 정선재 편집자님께 다시 한 번 감사의 말을 전한다.

차례

4장
감천문화마을 단디 즐기기

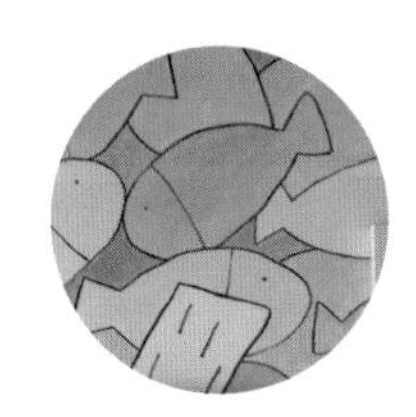

밥집

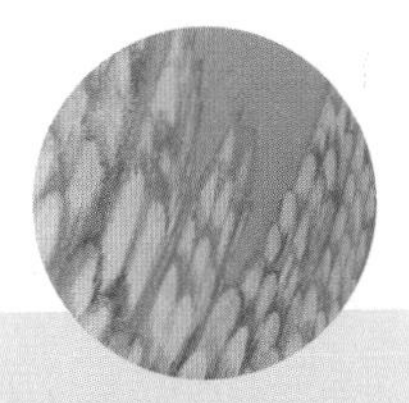

감천문화마을 산책 1장

감천,
마을이 되다

감천 마을의 역사

감천(甘川)의 옛 이름은 감내(甘內)였다. 감(甘)은 '감' 혹은 '검'에서 온 것으로 추측하는데 여기서 말하는 '검'은 신(神)을 뜻한다고 한다. 그리고 천(川)은 '내'를 말하는 것으로, 이곳 감천이 물과 관련된 곳이었을 것이라는 추측도 가능하다. 이 마을의 어르신들 중에는 감천은 물이 좋아서 '감내(甘川)'라고 했다고 말하기도 한다. 기록에 의하면 옛날부터 배들이 이곳에 들어와 물을 받아 갔다고 전한다.

감천문화마을에서 내려다보이는 감천항은 지금도 많은 배들이 들고 나는 항구다. 그러니 오래전 배에서 사용할 용수를 받아 갔다는 말이 헛말은 아닌 듯하다.

그렇다면 이곳 감천에는 언제부터 사람이 살았을까? 놀랍게도 선사시대부터 사람이 살았던 것으로 추측된다. 오래전부터 사람이 살았다면 이곳의 자연환경이 사람이 살기에 좋은 입지라는 말이 되는 셈이다. 그러고 보니 감천동은 산으로 둘러싸여 있으면서 바다가 바라다보인다. 전형적인 배산임수(背山臨水) 지형이다. 예부터 산과 물이 공존하는 지형을 명당이라 칭하였으니 감천은 귀한 땅이었을 것이다. 또, 이곳에서 고인돌과 표지석 등이 발견되었다고 하니 선사시대부터 사람이 살았음은 의심의 여지가 없어 보인다. 특히 이 지역은 권력자들이 살았을 것으로 추측하는데 그 이유는 고인돌과 석검에서 찾을 수 있다. 특히 감천은 소도와 같은 신성한 장소가 아니었을까 추측한다.

이곳 감천은 청동기시대부터 부족국가 형태를 이루며 사람들이 살아왔던 곳이다. 그래서인지 감천 인근에서 제법 많은 유물이 발견

되었다. 특히 이곳에서 청동기시대 유적으로 보이는 고인돌 6기가 발견되기도 했다. 고인돌 1호기에서 검출된 마제석검은 현재 부산대학교 박물관에 보관되어 있다. 그러나 부산화력발전소 사택 앞 도로를 따라 나란히 발견된 고인돌은 도로공사 때문에 파괴되고 말았다. 더군다나 고인돌 앞에 놓였던 상석(上石)은 도로에 묻혀 버리고 말았다. 안타까운 일이 아닐 수 없다.

비교적 최근까지 남아 있던 4호 고인돌 역시 지금은 그 모습을 찾아볼 수 없다. 이 고인돌은 감천 인근의 밭 가운데 있던 것으로 예부터 '복바위'라 불리며 보존되어 왔다. 이 바위를 건드리면 복이 나간다는 전설이 있어 아무도 바위를 건드리지 않았고 그 덕분에 남아 있게 된 것이었는데 이것 역시 공장을 세우면서 사라지고 말았다.

감천의 모든 고인돌이 다 사라지고 말았지만 6호 고인돌은 현재까지 보호되고 있다. 이 고인돌은 현재 '버드나무집'이라는 식당의 뜰에 있으며, 식당 주인이 잘 보호하고 있다고 한다. 이 고인돌은 완전한 남방식(南方式) 형태를 갖추고 있지만, 그 유래 등에 대해서는 아직 확실한 조사가 되지 않고 있다. 현재 남아 있는 단 하나의 고인돌은 마을 주민을 비롯하여 부산시민 모두가 잘 보존하도록 노력해야 할 것이다.

감천에 선사시대 관련 유물만 있는 것은 아니다. 이곳은 부산포와 가깝고 다대포로 가는 길목에 위치해 있기 때문에 왜구의 침입이 잦았던 것으로도 유명하다. 특히 잦은 왜의 침입으로 인해 여러 차례 마을이 사라지기도 했다. 기록에 의하면 감천은 조선시대에 수문(守門)과 공청(公廳)이 있었다. 그러니까 감천은 바다에 출입하는 배와 사람들을 검문하는 중요한 요충지였던 것이다. 또 하나 의미 있는 기록은 한때 괴정과 함께 말 목장으로 사용되기도 했다는 것이다. 이는 감천을 에워싸고 있는 천마산(天馬山)이 말 목장이었다는 기록으로도 추측 가능한 사실이다.

감천항이 위치한 감천만 동쪽 해변에는 작은 어촌 마을이 있기도 했다. 그리고 북쪽 해변은 해수욕장으로 쓰일 만큼 경치가 좋았다. 감천 해수욕장은 규모가 좁고 모래사장은 없었으나 큰 소나무들이 줄 서 있고 깨끗한 자갈밭이 깔린 아담하고 조용한 곳이었다. 그러나 1962년 부산화력발전소 건설을 시작하면서 해수욕장과 그 앞에 있는 용두섬이 없어지고 점차 감천의 모습이 변하게 된다.

이후 지금의 모습이 될 때까지 많은 일을 겪었던 감천. 이제 감천의 참모습을 알기 위한 걸음을 시작해 보자.

피란민의 안식처

산복 도로. 이 말은 부산에만 있는 말이라고 한다. 산(山)과, 복(腹), 산의 배 정도로 해석할 수 있을 것이다. 그러니까 산의 배에 도로가 있다는 말이 된다. 다른 지역에서는 부산의 산복 도로와 같은 지형을 '달동네' 혹은 '산동네'로 부른다. 그렇다면 왜 부산에만 '산복 도로'라는 이름이 생긴 것일까?

부산에만 있는 산복 도로의 시작을 찾으려면 저 멀리 조선시대로 거슬러 올라가야 한다. 임진왜란이 끝난 1678년 이후 조선은 부산포의 외곽지역을 '왜관'이라 해서 일본인들이 들어와 살 수 있도록 허락했다. 지금의 동광동과 중앙동 일대가 바로 '왜관'이었다. 이 왜관에 들어와 살았던 일본인은 주로 대마도 원주민이었다. 조선은 당시 대마도 원주민이 부산의 왜관으로 이주해 장사를 하면서 살아갈 수 있도록 해 준 것이다.

조선이 이러한 회유책을 쓴 것은 왜구들이 부산포 인근에 출몰해 노략질을 했기 때문이다. 부산포는 중앙의 감시가 상대적으로 적었던 곳이다. 그러다 보니 왜구의 잦은 출몰이 이어지고 백성들의 원성이 잦았다. 이에 조선 정부가 내놓은 해결책이 바로 '왜관'을 지정하는 것이었다.

당시 왜관이었던 중앙동과 동광동 일대는 척박한 땅이었다. 바닷가에 인접해 있다는 이점 말고는 사람이 살기에는 부적합한 곳이었다. 경사가 급한 산으로 에워싸여 있는 데다 부산진성이 있어 내륙인 동래로는 들어갈 엄두를 못 내는 곳이었다. 왜구들의 입장에서 다대포를 거처 만덕이나 김해로 가고 싶어도 천마산과 구덕산 그리고 엄광산과 같은 산들이 가로막고 있어 이 역시 쉽지 않았다. 특히 당시 왜관 지역은 동래읍성과 적절한 거리에 위치해 있었기 때문에 조선의 입장에서는 왜구를 감시하기에는 더없이 좋았던 것이다.

1910년 한일강제병합 이후 척박하고 가치 없던 '왜관'이 금싸라기 땅으로 탈바꿈하게 된 것

이와 같은 지형적인 한계가 있었음에도 불구하고 일본인들이 이곳 왜관으로 이주해 살게 된 것은 무료로 땅을 임대해 주었기 때문이다. 조선 입장에서는 척박한 땅을 내줌으로써 무상으로 임대해 준다는 명분을 챙길 수 있었다. 그리고 감시도 수월했기 때문에 일본인들이 '왜관'으로 이주하도록 한 것은 손해날 것이 없는 정책이었다.

그런데 1910년 한일강제병합이 되면서 척박하고 가치 없던 '왜관'이 금싸라기 땅으로 탈바꿈하게 된 것이다. 오랜 시간 일본인들만 살아왔던 터라 그들끼리 왜관 지역의 땅을 사고팔면서 우리 땅을 사유화했다. 그러니 강제병합 이후에 이곳에 땅을 가진 일본인들은 땅값을 더 올려 받을 수 있게 되었다. 식민지로 이주해 온 일본인들은 당시 부산의 중심이 된 동광동과 중앙동 일대에 모여들었다.

강제병합 후 밀려드는 일본인들이 구덕산과 천마산 그리고 엄광산 일대에 집을 짓기 시작하면서 산 가운데 길을 내게 된다. 당시 이곳으로 이주해 온 일본인의 입장에서 본다면 이곳 '왜관' 지역은 말 그대로 중심지였다. 오래전부터 일본인들이 모여 살던 곳이다 보니 생활에 필요한 대부분의 시설이 갖추어져 있었다. 거기다 부산포가 있어 일본까지 오가는 길도 수월했다. 그러다 보니 시간이 지날수록 많은 사람들이 이곳으로 유입되었고 산 가운데 도로가 나게 된 것이다. 이렇게 형성된 산복 도로 주변으로 집이 늘어나게 되어 영주동과 대청동까지 산복 도로가 형성된다.

그렇게 시작된 부산의 산동네는 한국전쟁이 발발하면서 최고조에 이른다. 전국 각지에서 몰려든 피난민들이 이미 주거지가 형성된 곳을 피해 산으로 올라가 판잣집을 짓기 시작하면서 부산의 산복 도로는 포화상태에 이르게 되는 것이다.

부산항에 입항하는 군함에서 야경을 본 군인들이 부산이라는 아름다운 도시를 상상하며 눈을 뜬 아침, 그들의 눈에 보인 것은 집이라 부르기도 뭣한 판잣집이었다. 그리고 그들이 본 아름다운 야경은 전기 시설이 없어 호롱불로 밤을 밝힌 거대한 피난촌이었던 것이다.

멀리서 바라본 부산의 산은 말 그대로 난민촌이었다. 사람이 누울 수 있는 공간이면 어디든 천막을 쳤다. 천막마저도 구할 수 없었던 사람들은 인근 산에서 주워 온 나무 작대기와 버려진 종이 등을 가져다 어설픈 집을 지었다. 바닥에 짚을 깔고 누우면 밤하늘이 보이곤 했다니, 말 그대로 이슬만 피할 수 있다면 그곳이 내 집이 되던 시절이었다.

감천문화마을, 한국전쟁 때 이주해 온 피난민들로 마을 번성

감천문화마을 역시 한국전쟁 당시 이주해 온 피난민들로 마을이 번성하게 된다. 감천은 식민지 시기 그저 바닷가 언덕에 불과했다.

감천병원

그러다가 보수동에서 이주해 온 태극도 신도들이 터를 잡으면서 마을이 형성된다. 그리고 한국전쟁을 피해 이주해 온 신자들과 피난민까지 더해지면서 감천은 태극도 신자 사천여 명이 모인 신앙촌이 된다.

태극도 문화홍보관 안내를 맡고 있는 김양순 홍보관은 윤대한 할아버지를 두고 감천문화마을의 산증인이라고 했다. 김양순 홍보관은 그분에게 감천을 물어야 제대로 감천을 알 수 있을 것이라는 말과 함께 할아버지를 만날 수 있도록 주선해 주었다.

백발에 키가 큰 윤대한 할아버지를 만난 것은 감천문화마을 입구에 있는 큰길에서였다. 길을 잘못 들어 약속 시간을 넘겼음에도 할아버지는 친절히 길을 안내해 주었다. 천천히 걸음을 옮기는 할아버지의 꼿꼿한 등이 감천에서의 삶을 말해 주는 것 같아 조용히 뒤를 따랐다. 그렇게 한참을 걷던 할아버지가 걸음을 멈추고 감천문화마을 이야기를 시작했다.

피난민이 넘쳐나는 부산에서 삼천 명에 달하는 태극도인들이 한꺼번에 이주할 수 있는 곳을 찾기란 쉽지 않아

감천문화마을의 시작은 태극도 도인들이 함께 모여 살면서부터다. 그렇다면 태극도 도인들은 어떻게 이곳 감천2동에 모이게 된 것일까?

그 시작은 1955년이었다. 부산시는 1953년 1월에 발생한 국제시장 대화재와 같은 해 11월에 발생한 부산역전 대화재를 겪은 후 도시정비사업의 필요성을 인식하게 된다. 좁은 지역에 지나치게 많은 사람들이 생활하다 보니 작은 불씨가 큰 화재로 이어진 것이다. 전쟁 직후의 화재로 인한 천문학적인 피해액은 전쟁만큼이나 힘든 상황을 만들었다. 부산역전 대화재의 경우 부산역은 물론 인근에 있던 우체국과 방송국을 잿더미로 만들었다. 움막과 판잣집이 불타는 것은 물론이고 도시 기반시설마저 불타 버린 직후의 혼란을 겪은 부산시는 정비사업을 강력하게 추진하게 된다.

1950년 한국전쟁이 발발하면서 몰려든 피난민들을 수용하게 된 부산은 그야말로 인산인해를 이루게 된다. 부산으로 찾아든 수많은 피난민들이 산복 도로 능선까지 움막을 짓고 생활하기 시작했기 때문이다. 피난민들은 특히 부산역을 중심으로 동광동과 대청동, 영주동과 보수동 일대에 집중적으로 모여들었는데 그 이유는 두말할 것 없이 먹고사는 문제 때문이었다. 고향을 등지고 부산으로 모여든 피난민들은 하나같이 배가 고팠다. 전쟁으로 모든 것이 파괴된 상황에서 할 수 있는 것이라곤 시장에서 날품을 팔거나 좌판 장사를 하는 것이 전부였다. 그러니 사람이 많이 모여드는 역 주변이나 시장을 중심으로 움막이 형성되었던 것이다.

이 시기 전국에 있던 태극도인들이 보수동 일대에 대거 모여들면서 그들의 공동체가 형성되기 시작하였다. 그러나 보수동 일대의 산복 도로 정비 사업이 시작되면서 보수동에 모여 살던 태극도인들이 한꺼번에 이주를 해야 하는 상황이 벌어진다.

"부산시가 우리가 쓰던 움막과 나무들을 모두 이곳 감천으로 옮겨 주었다. 지나가는 트럭을 강제로 세워 우리 도당 사람들의 짐을 실어다 주도록 했던 것이다. 만약 이 지시를 어길 시 나라에서 3일 동안 트럭 운행을 금지했기 때문에 당시 운전기사들은 울며 겨자 먹기식으로 우리 짐을 옮겨야 했다."

피난민이 넘쳐 나는 부산에서 삼천 명에 달하는 사람들이 한꺼번에 이주할 수 있는 곳을 찾기란 쉽지 않았다. 고양이 이마만 한 빈자리라도 어김없이 움막이 쳐지던 시절이니 삼천 명이 동시에 거주할 수 있는 공간을 확보한다는 것은 신이라도 불가능한 일이었을 것이다.

하지만 부산시는 이들이 이주할 수 있는 공간을 제시하는데 그곳이 바로 감천2동이었다. 당시 감천2동은 감천 앞바다가 내려다보이는 언덕에 불과했다. 길은 고사하고 물도 나지 않는 척박한 언덕에 바람은 왜 그리 불던지…….

"지금이야 화력발전소가 있어 송도나 괴정 방향으로 나가는 길이 생겼지만, 처음 이곳에 왔을 때는 감천2동으로 들고 나는 길이 없었다. 언덕 아래는 파도가 출렁이는 바닷가고, 언덕 위는 소나무 숲이 우거진 산길이었다. 그리고 그 산길 끝에는 아미동 화장터와 공동묘지가 있었다. 거기다 충무동과 자갈치 일대를 주름잡던 주먹들이 아미동 고개에 숨어 있기 일쑤여서 혼자 산길을 오간다는 것은 엄두도 못 냈다. 길 없는 길을 따라 이곳으로 이주해 올 때의 심정이야 말해 무엇 하겠는가?"

太極道

당시 집을 '하꼬방'이라 불렀는데 이는
일본말 하꼬(はこ) 즉 상자, 궤짝이란 단어에
우리말 '방'을 붙여 만든 말

윤대한 할아버지는 그때를 떠올리며 그런 세월이었다고 덧붙였다. 바람이 불면 흙먼지가 나는 민둥산에 도착해서 이들이 시작한 일은 집을 짓는 일이었다.

당시 집을 '하꼬방'이라 불렀는데 이는 일본말 하꼬(はこ) 즉 상자, 궤짝이란 단어에 우리말 '방'을 붙여 만든 말이다. 하꼬방이라는 말에서도 짐작할 수 있겠지만 그때만 해도 집들은 나무판자를 덧대어 지었다. 간혹 돈이 좀 있는 사람들은 토담집을 짓기도 했지만 그런 집은 열에 하나였다고 하니 그 시절 사람들의 경제력을 짐작할 수 있다.

집과 집 사이에 덧댄 나무판은 얼기설기하여 밤이면 옆집이 제 집 안방처럼 훤히 보이는 경우도 허다했다. 나무를 많이 사용할 수 있었다면 나무 벽이라도 단단히 쌓을 수 있었겠지만 그마저도 여의치 않았다. 집을 짓는 데 사용한 나무판은 충무동과 자갈치 등지에서 사용하던 생선 상자였다고 한다. 생선을 담는 데 사용했던 나무상자를 저렴한 가격에 사 오거나 부러진 나무 조각들을 주워 집을 지었으니 나무판도 넉넉지 않았던 것이다. 그러니 말 그대로 바람만 가리는 수준의 집을 지을 수밖에.

사실 말이 집이지 엄밀히 말하면 이웃의 방과 내 방을 구분한 것에 불과했다. 허허벌판에 일정한 간격으로 줄을 그어 땅을 나누고, 두세 평이 전부인 공간에 판자를 올리고 거적을 깔면 집이 되었다. 그렇게 완성된 방에 가족이 누우면 돌아누울 자리도 모자랄 만큼 좁은 것은 물론이고 벽 틈으로 이웃집까지 보였다. 이웃의 작은 소리도 공유해야 할 정도로 허름한 집이었지만 그래도 가족과 함께할 공간이 생긴 것에 감사했기에 누구도 불만이 없었다.

이렇게 허름한 판잣집이다 보니 벽지도 찢어진 종이를 덧댄 것이 전부였다. 종이가 귀하던 시절이라 찢어진 공책과 버려진 종이 봉지에 풀을 발라 붙였다. 집이라고 하기에도 뭣한 판잣집이지만 벽지를 붙여야 했던 것은 웃풍을 막기 위해서였다. 나무판 사이 구멍으로 이웃집이 훤히 보일 정도였으니 집 안으로 몰려드는 바람은 얼마나 매서웠을까. 그러니 아쉬운 대로 찢어진 종이를 발랐던 것이다. 이마저도 바람이 불면 벽면이 바람을 먹어 불룩 솟아올랐다 가라앉았다고 하니 그 웃풍의 추위가 어떠했을지 짐작이 간다.

> "더 없는 사람들은 미군 부대에서 버리는 골탄 먹인 박스, 즉 미군 PX에서 버리는 두꺼운 골판 상자를 가져다 짓기도 했다. 거기다 루핑을 지붕으로 얹었는데, 바람이 불면 사정없이 날아가 집집마다 돌멩이를 이어 얹었다. 말이 집이지 집이라고 할 수도 없었다."

이렇게 지어진 집에 천막을 씌우거나 루핑이라 불리는 기름종이를 얹어 지붕을 만들었다. 루핑은 빗물이 새지 않아 지붕으로 안성맞춤이었지만 바람과 불에 약했다. 예나 지금이나 감천은 바람이 많다. 이곳은 감천 앞바다에서 불어오는 바람을 정면으로 맞는 곳이어서 다른 지역에 비해 바람의 강도가 센 편이다. 그래서 당시 사람들은 지붕이 날아가지 않도록 임시방편을 써야 했다. 그 임시방편은 다름 아닌 산에서 주워 온 돌덩이였다. 무게감이 좀 있는 돌을 주워 지붕에 올려놓으면 어지간한 바람은 견뎠다. 그렇게 고마운 루핑이지만 불을 만나면 무서운 화마로 변하곤 했다. 부주의로 불씨가 지붕으로 옮겨붙는 경우 이웃한 집들까지 모두 잿더미로 변했다. 그러니 늘 마음을 졸이며 생활해야 했을 것이다.

지붕이 이럴 정도면 바닥은 오죽했을까? 먼지 날리는 맨바닥에서 생활을 할 수는 없으니 바닥을 깔긴 깔아야 했을 것이다. 그러나 바닥에 깔 것이 없어 볏짚을 깔았다. 볏짚을 구하지 못한 사람들은 천마산에 올라가 풀을 베어 말려서 바닥에 깔고 잤다. 그래서 당시 천마산에는 잔풀이 없었다고 한다. 그러니 그 힘듦을 짐작할 수 있겠는가. 여담 같지만 당시만 해도 구덕산에서 넘어온 호랑이가 천마산 능선에서 마을을 내려다보았단다. 진실 여부를 떠나 그런 이야기가 회자되었다는 것은 이곳 감천이 얼마나 외진 곳인가를 보여주는 말이라 할 수 있다.

공동묘지 주변으로도 사람들이 모여들어 살아야 했던 척박함

사진에 보이는 저 계단은 당시 방화선 역할을 하였다. 부산역과 국제시장 대화재로 강제 이주를 당하게 된 태극도 도당에서 찾아낸 궁여지책이었다. 방화선은 집 지을 구역을 나눌 때 일정한 거리를 남겨두고 집을 지으면서 만들어진 것이다.

그렇게 만들어진 길은 일석삼조의 역할을 하게 된다. 첫 번째 역할은 길이었다. 경사가 가파른 언덕에 집을 지을 수밖에 없었지만 지게를 지고 지나다닐 수 있을 정도의 간격을 생각했던 것이다. 두 번째

로 공동체를 소단위로 나누는 역할을 했다. 종교 공동체라고는 하나 나고 자란 곳이 다른 사람들에 대한 작은 배려가 필요했을 것이다. 그래서 이주해 온 사람들을 공통된 지역별로 묶었던 것인데 이 길이 바로 그 묶음의 단위 역할을 했다. 그리고 길의 마지막 역할은 바로 방화선이었다. 이는 불이 나더라도 피해 지역을 최소화하기 위한 방편이었다고 한다.

여러 가지 의미를 가진 길을 보면서 떠오르는 것은 당시 저런 발상을 했다는 것 자체가 대단히 흥미롭고 놀랍다는 것이다. 지금도 감천문화마을 곳곳에 형성된 계단은 예전 모습을 유지하고 있다.

감천의 집들은 철저한 계획하에 지어졌다. 윤대한 할아버지의 증언에 따르면 감천2동을 구역별로 나누어 소단위 공동체를 만들었다. 예를 들면 마을을 1감, 2감, 3감과 같은 큰 구역으로 나누고, 그 하위 단위로 '감천채', '아미채', '괴정채'와 같은 이름으로 나누었다. 여기서 '채'란 더 작은 소규모의 집단으로, 이곳 감천2동으로 이주해 온 사람들을 같은 지역끼리 묶어 붙이게 된 이름이다.

마을이 모습을 갖추기 시작해 9감까지 형성되는 동안 마을은 계속해서 커져 갔다. 이에 태극도 도당에서는 본격적인 지역 자치 공동체를 이루기 위해 학교와 병원 등을 건립하고 각 '감'과 '채'에 '회의실'을 만들게 된다.

이렇게 형성된 소규모 공동체 덕분이었을까? 감천 마을은 인심이 좋았다. 외부에서 감천2동으로 유입되는 인구가 많았던 것은 좋은 인심 때문이기도 했다.

감천에서 60여 년을 살았다는 최 할머니는 '커뮤니티 광장'에 메밀밭이 있었다고 회상한다. 아미동과 감천2동 경계 지점이기도 했던 언덕에 메밀을 키운 사람이 누구인지는 정확하게 기억나지 않는다고 했다. 하지만 메밀꽃이 피는 달밤이면 꽃에 반사된 달빛에 산 그림자가 보일 정도로 훤했다. 특히 메밀을 수확한 날이면 메밀묵을 쒀서 마을 사람들이 나누어 먹기도 했다니 그 시절의 인심이 부럽기만 하다.

감천문화마을에서 아미동으로 넘어가는 감천 고갯길은 솔밭이었고 감정초등학교가 있는 곳은 공동묘지였다. 그때는 공동묘지 주변으로도 사람들이 모여들어 살아야 할 정도였다. 그러니 그 척박함은 말로 다할 수 없었을 것이다. 하지만 최 할머니에게서 전해 들은 마을 인심 이야기는 참으로 위대하다는 생각이 들었다. 수많은 악조건을 견뎌 낸 생명의 힘이 느껴져 사람이 모여서 산다는 것이 얼마나 중요한 것인가 하는 것을 다시 생각해 보게 된다.

감천은 인구 밀도가 높아 다른 지역에 비해 투표자 수가 많았다. 그래서인지 감천에서 지지를 얻으면 투표에서 이긴다는 말이 있을 정도였다. 선거철이 되면 어김없이 출마자들이 찾아왔고 공략을 내세우며 지지를 호소했다. 그러나 당선된 뒤로 감천을 다시 찾는 정치인은 없었다. 그러니 자유당 시절 정치적 술수에 몰려 고통을 당한 것이다. 어르신들의 이야기를 들으면서 정치라는 권력이 얼마나 치졸한 것인가 싶으면서도, 감천문화마을 사람들의 솔직한 속내가 그렇게 이용당하고 버려졌구나 싶어 안타깝기도 했다.

월급을 받아 돌아오는 길, 아미고개에서 불량배에게 모두 빼앗기기 일쑤

"내가 우리 마을 최초의 학교인 천덕공민학교 선생이었다. 나는 내

고향 청주에서 청주사범을 다녔던 이력이 있었기 때문에 선생이 된 것이다. 당시 낮에는 돈을 벌고 밤에는 공부를 하는 아이들이 너무도 많았다. 아이들에게 공부를 가르치지 않았다면 지금의 우리 마을이 있었겠는가? 밥 먹기도 힘들었던 시절, 그래도 학교를 만들었던 것이 얼마나 다행한 일인가."

윤대한 할아버지는 자신이 선생이었다는 사실이 자랑스럽다고 했다. 그러면서 당시는 아이들도 제 밥벌이를 해야 할 정도로 힘겨운 시절이었다고 회상했다.

마을의 규모가 커지면서 마을로 유입된 아이들이 많았는데 그때는 십 대가 채 되지 않은 아이들도 집안을 도와야 했다. 그러니 학교는 언감생심 엄두도 못 냈다. 하루 벌어 하루 먹는 생활이라 아이 어른 할 것 없이 밥벌이에 매달려야 했다.

아이들이 무슨 일을 할 수 있을까? 그런데 당시 아이들은 생각보다 많은 일들을 했다. 일하러 나간 엄마를 대신해 어린 동생을 업어 키우는 것은 말 그대로 기본이었다. 누군가는 고물상을 따라다니며 고물을 줍고 또 누군가는 구두닦이로 나서기도 했다.

어느 정도 나이가 든 아이들은 인근 공장에서 일을 했다. 공장이라야 봉제공장이나 엿을 만드는 엿공장이었지만 그마저도 다닐 수 없는 아이들은 부두에서 날품을 팔았다. 그렇게 힘든 하루를 끝내고 집으로 돌아와 잠들기 바쁜 아이들에게 제 이름이라도 쓸 수 있도록 가르쳐야겠다고 생각한 것은 배우지 못하면 더 나은 삶을 살 수 없다는 생각에서였다. 하지만 천덕공민학교는 아이들뿐 아니라 한글을 모르는 어른도 다닐 수 있었다. 배움에 나이는 중요하지 않다는 사실은 그때나 지금이나 똑같은 것 같다. 종교적 차원에서 만들어진 마을공동체였지만 아이들의 미래를 걱정한 어른들의 넓은 마음이 느껴지는 대목이다.

윤대한 할아버지는 사람들에게 글을 가르칠 수 있어 너무도 기뻤다고 했다. 밤 늦게 불을 밝히고 잠을 쫓아 가며 공부에 매진하던 당시 학생들의 열정은 지금도 잊히지 않는다고도 했다.

감천2동에 마을이 형성된 후 학교를 만들고 병원을 지으면서 공동체로서의 모습을 만들어 가자 이웃한 아미동 사람들과 마찰이 빚어지기 시작했다.

아미동 인근에 모여 살던 일명 '양아치'들이 감천2동 주민들을 괴롭혔다. 아미동에서 감천2동 주민들을 괴롭힌 이유는 하나, 바로 길이 없었기 때문이다.

충무동과 국제시장에서 감천2동으로 가기 위해서는 무조건 아미고개를 넘어야 했다. 왜냐하면 그 당시는 감천 화력발전소가 생기기 전이어서 송도 방향이나 괴정 방향에서 감천2동으로 넘어오는 길이 없었기 때문이다. 최근 아파트 단지 사이의 길 분쟁으로 힘들게 등교하는 아이들 사연이 종종 보도되곤 한다. 그러고 보면 길을 사이에 두고 벌어지는 갈등은 예나 지금이나 별반 다르지 않는 것 같아 마음이 무겁다.

감천의 그 시절에는 아이 어른 할 것 없이 모두 길 때문에 수난을 겪어야만 했다. 아이들이 쉽게 오고 가기 힘든 것은 물론이고 어른들까지도 길을 오가는 동안 두려움에 떨어야 했다니 말이다.

특히 한 달여 동안 일을 해 월급을 받아 집으로 돌아올라치면 아미고개에서 불량배에게 모두 빼앗기기 일쑤였다. 그때만 해도 월급

날이면 봉투에 한 달치 월급을 받아 집으로 가져갈 때인데, 한 달의 노고가 담긴 월급봉투를 받아 들고 집으로 돌아갈 길을 걱정해야만 했던 감천 사람들의 마음은 어땠을까? 임기응변으로 아미고개 모퉁이에서 마을 사람이 나타나기를 기다려 함께 집으로 돌아가는 이들도 있었다. 하지만 연약한 여자들의 경우는 그 공포의 정도가 심해 감천마을 남자들이 마중을 나간 적도 많았다. 마을 사람들이 경찰에 도움을 요청했지만 번번이 도움을 받을 수 없었던 것은 그들이 사는 동네가 감천이었기 때문이다. 윤대한 할아버지는 핍박도 서러운데 기세 싸움에 눌리는 것이 분해 청년들을 조직해 아미동 패와 전쟁 아닌 전쟁을 벌였다. 당시 태극도 청년들은 종교적 가르침을 실천하며 살기 위해 노력했기 때문에 가급적 외부와의 마찰을 피하려 노력했다. 하지만 감천마을 주민들이 겪는 고통을 그냥 볼 수만은 없었다. 결국 윤대한 할아버지와 뜻을 같이한 청년들이 힘을 모아 아미동 패와 천마산 언덕 소나무밭에서 싸움을 벌이게 된 것이다.

그 결과 당시 남부경찰서(지금의 서구와 중구는 모두 남구 관할이었다고 함)에서 경찰이 출동하고 그 이후 그러한 불상사는 사라졌다고 하니, 국민으로서 안전을 보장받지 못했던 당시 이곳 주민들의 설움이 어느 정도였을지 짐작이 간다.

길과 관련하여 이런 아픔이 있는 감천2동 주민들이었지만 그래도 그들만의 규칙은 있었다. 허허벌판에 집을 짓기 위한 구획을 나눌 때에도 공통된 크기로 나누었다. 그리고 집들은 일렬로 이십여 채씩 이어서 지었다. 집은 모두 단층으로 지었으며 그 높이 역시 일정하게 유지하여 앞집이 뒷집의 창문을 가리지 않도록 하였다. 모두가 골고루 햇볕을 나누고 바람을 나누었던 것이다. 누구나 누려야 할 전망이 지켜지는 놀라운 규칙이 지금의 감천문화마을을 만든 것은 아닌지 조심스럽게 생각해 본다.

이렇게 단계별로 구획을 나눈 결과 감천마을은 집과 집 사이의 거리가 일정했고, 도로 폭도 유지될 수 있었다. 그러나 1970대 이후 외부인들이 몰려들면서 집과 집 사이의 거리가 좁아지고 길이 엉키게 되고 말았다. 70년대 이후 감천마을로 이주한 사람들은 대부분 태극도인이 아니었다. 감천은 종교 공동체만이 소유할 수 있는 공간이 아니었으므로 일반인이 유입되는 것은 당연했다. 특히 인심 좋은 동네라고 소문이 난 데다, 시내와 가까웠던 탓에 오갈 데 없는 사람들이 감천으로 찾아 들었다. 그들이 이곳으로 이주한 것은 충무동이나 국제시장에서 일용직으로 일할 수 있다는 점이 가장 큰 이유였다. 한정된 공간에 지속적으로 사람들이 늘어나면서 일정했던 도로 폭이 좁아지고, 건물 간 간격도 줄어들었다. 하지만 지금까지도 초창기 주거구역 형태가 남아 있어서 문화마을은 어디에서든 전망이 확보되니 그나마 다행이다.

밀기울은 모래알처럼 흘러 숟가락으로 떠먹기도 힘든 것

집이야 그렇다 쳐도 먹고사는 문제는 어땠을까?

윤대한 할아버지는 '밀기울'이라는 것을 아느냐고 물었다. 밀기울이란, 밀을 수확하여 가루를 낸 후 체에 치고 남은 가루를 말하는 것으로 쉽게 말해 밀가루 껍질 정도라 생각하면 될 것이다. 당시 감천 사람들은 먹을 것이 너무 없어 밀 껍질에 붙어 있는 곡기라도 먹기 위해 밀기울을 가져다 먹었다.

밀기울이라는 것이 물을 붓고 밥을 해 놓으면 모래알처럼 줄줄 흘러내려 숟가락으로 떠먹기도 힘들었다. 그러니까 곡기란 것이 거의 없는 형태의 먹거리인 셈이다. 그러니 언제나 배가 고팠다.

"토성동 한전 앞에 양조장이 있었다. 그곳에서 나오는 술지게미를 한 달 동안 먹었더니 양기가 빠져 힘을 못 썼다. 오죽 먹을 것이 없었으면 술지게미를 먹었겠는가? 결국 감천 사람들은 민생고 해결이 가장 큰 문제였다."

술지게미와 밀기울로 끼니를 때우다 보니 황달이 왔다. 사람이 살아가는 데 필요한 기본 영양소도 섭취할 수 없을 정도로 열악했던 먹거리 밀기울. 그나마 밀기울에 보리라도 섞을 수 있으면 부자였다. 쌀을 구경하는 것은 명절에도 힘들었다. 다른 동네에서야 명절에 쌀에 고기를 먹을 수 있었는지 모르지만 이곳 감천에서는 그마저도 맛보기 어려웠다.

하루 한 끼를 먹으면 다행이던 시절, 양조장 술지게미도 발 빠른 사람이나 먹을 수 있는 것이었다니 지금의 우리들은 상상도 할 수 없는 시간이다.

먹고사는 문제는 예나 지금이나 보통 일이 아니다 보니 당시에는 어떤 직업들이 있었는지 궁금했다. 그에 대한 대답은 쉽게 돌아왔다. 구두닦이, 엿장수, 껌 장사가 제일 많았단다. 그중에서도 감천마을에는 엿장수가 유독 많았는데 인근에 엿 도매 공장이 있어 쉽게 엿을 떼다가 팔 수 있었기 때문이다.

배운 기술도 없고 밑천도 없는 사람이 할 수 있는 일이라는 것은 이문 낮은 장사였다. 없는 자들이 먹고살기 힘든 것은 지금이나 그때나 별반 달라지지 않은 것 같다. 낮은 이문이라도 장사를 할 수 있는 사람은 그나마 다행이었다. 이도 저도 할 수 없어 몸으로 먹고사는 사람들이 훨씬 더 많았다.

몸으로 먹고사는 대표적인 직업으로는 고물장수, 물장수, 똥을 퍼다 버려 주는 일명 똥푸소, 그리고 장작을 패는 장작꾼도 있었다. 그중에서 장작꾼은 도끼를 들고 다니며 통나무를 작은 나무로 쪼개 주는 일을 하는 사람을 일컫는 말이다. 집집마다 연료가 없어 산에서 나무를 가져다 땔감으로 사용했기 때문에 그런 직업도 있었던 것이다.

그리고 또 많았던 직업이 고물장수다. 미군부대에서 나오는 고물을 주워다 팔면 그래도 돈이 좀 남았다. 윤대한 할아버지 역시 고물장사를 해 가족을 부양했다. 처음엔 돈이 되지 않아 포기할까도 생각했지만 그래도 이문이 많은 장사다 싶어 고물장사를 계속했다. 인생사가 그렇듯 힘든 시간을 넘기고 나니 그럭저럭 자리를 잡았다. 고물장사가 자리를 잡는다는 것은 고물이 들어오고 나가는 고정 거래처가 생기는 것을 의미한다.

할아버지는 욕심을 부리지 않았다면 지금보다 나은 삶을 살 수 있었을 거라며 웃으신다. 그러면서 욕심을 부려 한꺼번에 사들인 고물이 바다에 떠내려간 사건을 떠올렸다. 일명 드럼통이라는 것이 돈이 되기에 무리해서 폐드럼통을 사 영도 바닷가에 묶어 두었다. 그런데 하필 태풍이 몰려와 쌓아 둔 폐드럼통이 파도에 휩쓸려 떠내려가고 말았다. 할아버지는 망연자실해 바다만 바라보았다. 며칠이 지난 후 파도를 타고 송도 앞바다까지 떠내려온 몇 개의 페드럼통을 건지긴 했지만 그때 입은 피해가 여전히 가슴에 남아 있다며 회상에 젖는 할아버지의 하얀 머리카락이 바람에 흔들렸다. 어쩌면 몸으로 부대끼며 살아온 세월이 할아버지의 머리를 희게 만들었을지도 모르겠다는 생각이 들었다.

화장실이라야 구덩이를 파고 나무 기둥을 박아 가마니를 두르는 것이 전부

달동네에 빠질 수 없는 것이 화장실이다. 특히 부산의 산복 도로에는 어김없이 공중화장실이 있다. 편히 잠잘 공간도 부족한데 번듯한 화장실이 있기란 어려웠을 것이다. 그래서 어쩌면 공중화장실을 고안해 냈는지도 모른다.

좁은 주거 공간도 문제지만 집집마다 정화조를 묻을 수 없었기에 생겨난 것이 공중화장실이다. 최대한 많은 사람들이 사용해야 했기 때문에 공중화장실은 여러 칸이다. 달동네라면 어디든 있는 공중화장실. 아침마다 휴지를 들고 공중화장실 앞에 일렬로 줄을 서 본 사람들은 알 것이다. 화장실 한 칸을 차지하고 앉은 사람이 나오기를 기다리는 그 시간이 얼마나 길고 지루한가를.

감천문화마을 역시 화장실에 얽힌 사연이 많다. 내 몸 하나 쉴 수 있는 변변한 집도 없던 시절 화장실이 편할 리는 만무했다. 말 그대로 볼일만 볼 수 있으면 '화장실' 혹은 '뒷간'이 되던 시절이었으니

향수 화장실

위생을 기대하기는 어려웠다. 옛날 이곳 감천문화마을의 화장실은 여느 공중화장실처럼 푸세식이었다.

공중화장실은 집을 지을 때 나눈 구역마다 하나씩 만들었다. 화장실은 일정한 간격을 두고 집 옆에 구덩이를 몇 개 파 나무 기둥을 박고 가마니를 두르는 방법으로 만들어졌다. 윤대한 할아버지는 요즘 군대에서 사용하는 간이 화장실도 그렇지는 않을 것이라며 그때를 설명했다.

구덩이와 기둥만으로 만들어진 화장실이라 지붕이 없었다. 무엇보다도 비가 오는 날이 가장 큰 문제였다. 가뜩이나 공간이 좁아 몸 하나 겨우 쪼그려 앉을 수밖에 없는 화장실에서 우산을 편다는 것은 불가능했다. 장마철에는 으레 비를 맞으며 볼일을 봐야 했다고……. 지금의 우리는 상상도 할 수 없는 일이다.

비 오는 날만큼 힘든 날이 바람이 많은 날이었다. 바람이 많이 부는 날이면 기둥에 묶어 둔 가마니가 이리저리 나부껴 낭패였다. 기둥에 얼기설기 묶어 둔 끈이 풀려 가마니가 들썩일 때면 이러지도 저러지도 못했다. 특히 밀기울을 먹고 화장실을 가면 말 그대로 물총 쏘듯 쏟아져 나오는 변 때문에 옷을 버리는 일이 많았다. 할아버지는 그러니 비가 오는 날이면 빗물이 섞인 오물에 온몸을 버리는 것은 당연지사가 아니겠냐며 혀를 찼다.

지금도 감천문화마을 사람들은 공중화장실을 사용하는 경우가 많아 그것이 가장 불편하다고 한다.

"그때는 똥 푸는 직업을 가진 사람들이 많았다. 당시는 대부분 푸세식 화장실이었고 차가 들어갈 수 없는 골목이 많다 보니 사람의 손이 필요했다. 그 사람들이 우리 마을 오물을 퍼서 대티고개에 갖다 버렸다. 괴정 쪽에 넓은 밭을 가진 사람들이 오물을 사다가 거름으로 쓰는 경우도 있었지만, 주로 대티고개 너머에 버리곤 했다. 70년대가 되면서부터는 화장실 오물을 하단에 버린 것으로 안다. 아마도 대티고개 너머까지 집들이 생기면서 궁여지책으로 낙동강 하구인 하단에 버렸던 것 같다. 그러니 위생 개념이라는 것은 기대하기 힘든 시절이었다. 그때는 그저 목숨 부지하며 살아가는 것에 급급한 세월이었다."

윤대한 할아버지의 그 세월은 아직도 현재 진행형처럼 보여 마음이 아팠다. 그러고 보니 마을 곳곳에 공중화장실이 많이 보였다. 이는 여전히 공중화장실을 사용해야 하는 마을 주민들이 많다는 뜻일 것이다.

겨울밤 가로등도 없는 계단을 올라 찾아가야 하는 화장실은 저승길보다 멀다고

감천문화마을 '죽전경로당'에서 만난 할머니 할아버지들의 작은 바람 역시 화장실이었다. 물론 지금이야 현대식 화장실로 그 모습이 바뀌었지만 좁고 가파른 골목에 위치한 것이 문제였다. 여전히 마을 곳곳에 있는 공중화장실을 사용해야 하는 할머니들의 고충은 더욱 심했다.

"화장실이 집 밖에 있어 불편하다. 가뜩이나 불편한 몸을 이끌고 화장실을 가야 하니 번거롭고 힘들다. 겨울밤에 가로등도 없는 계단을 지나서 화장실을 가야 한다. 화장실 가는 길이 저승길보다 멀다."

할머니는 생각만 해도 힘겹다는 듯 한숨을 몰아쉬었다. 거의 매일 경로당에 모여 시간을 보내는 할머니 할아버지들이 하나같이 입을 모으는 것은 화장실과 가로등 문제였다.

할아버지와 할머니들은 집집마다 화장실을 넣는 게 불가능하다는 것을 알기에 공중화장실이라도 증설해 주길 바랐다. 과거 감천문화마을이 형성되던 시기에 만들어진 화장실이라 개수가 모자란다는 것이다. 젊을 때야 언덕 아니라 산길도 걸어갈 수 있었지만 이제는 눈도 어둡고 무릎도 아파 먼 거리에 있는 화장실을 이용하는 것이 불편하다는 것이다.

화장실 개수도 문제지만 거리가 먼 화장실까지 가는 길의 가로등도 문제였다. 방문객이 많이 다니는 큰길에는 가로등이 있지만 정작 할머니 할아버지들이 주로 이용하는 골목길에는 가로등이 없다. 추운 겨울 어두운 계단을 오르다 넘어져 무릎을 다치는 경우도 있다. 할머니들은 가로등이 가장 필요한 곳은 넓은 대로변이 아니라 좁고 가파른 골목길인데 아무도 관심을 가지지 않는다며 하소연했다.

계단을 평평하게 펼 수는 없으니 언덕과 계단에 손잡이를 달아 주는 것도 좋을 것 같다. 할머니들은 굽은 허리로 계단을 오를라치면 지푸라기라도 잡고 싶은 심정이다. 어떤 할머니는 힘겹게 계단을 오르다 보면 어느새 네 발로 기어가게 된다고 했다.

젊어서 안 해 본 고생이 없다는 최 할아버지는 화장실과 가로등뿐 아니라 주거시설 개선도 필요하다며 입을 열었다.

"열여섯 살 때 감천문화마을로 들어와 지금까지 살고 있다. 구두닦이부터 건설현장 노동까지 안 해 본 일 없다. 그렇게 힘든 세월을 지나 이 나이가 되었지만 살고 있는 집은 예나 지금이나 비슷하다. 예전에는 집을 손볼 돈이 없었고 지금은 돈도 없고 힘도 없다. 그리고 우리 동네가 문화마을이 되면서 내 마음대로 집을 손볼 수 없게 되어 불편해도 그대로 살 수밖에 없다."

사람이 살고 있었다

감천문화마을에는 분명 사람이 살고 있었다. 모두가 찾아오고 싶어 하는 마을. 그리고 각자의 추억을 만들고 싶어 하는 곳이 되었다. 하지만 방문객만이 추억을 만들어서는 안 될 것이다. 무엇보다 이곳에 살고 있는 사람들이 영원히 살고 싶은 곳, 살아가는 동안 쌓인 추억을 이야기하고 싶은 곳이 되어야 한다.

감천문화마을이 사람들이 찾고 싶고 머물고 싶은 마을로 거듭난 지금, 마을 주민들 마음도 예쁘게 색칠할 필요가 있을 것 같다. 가로등 하나, 편안한 계단 하나, 새로 만든 화장실 하나면 사람들의 마음은 예쁘게 칠해질 것이다. 거창하지 않아도 좋다. 이곳에 사람이 살고 있다는 것만 잊지 않는다면 말이다.

물론 과거에 비해 많은 것이 좋아진 것은 사실이다. 세상에 감천의 삶을 알린 소중한 시간들이 지금도 이어지고 있으니 분명 더 나아질 것이다. 그러나 그리 멀지 않은 내일을 살아야 하는 노인들을 위한 작은 배려가 더해진다면 얼마나 더 좋을까?

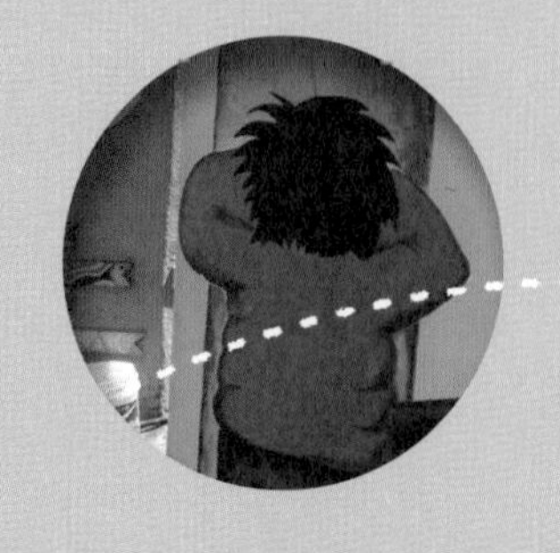

왜?
감천 문화
마을일까?

2009년 마을 미술 프로젝트

'감천문화마을 미술 프로젝트'는 보존과 재생을 화두로 던진 공공미술 프로젝트의 성공적인 사례로 꼽힌다. 감천문화마을 미술 프로젝트는 감천2동 산복 도로를 중심으로 조형 예술품을 설치하여 위기에 처한 마을을 살아나게 한 대표적인 사례라 할 수 있다. 무엇보다 의미 있는 것은 지역 예술가와 마을 주민들이 함께 한 사업이라는 점이다. 이 프로젝트는 재개발이라는 이름으로 기존의 주거환경을 허물고 아파트 단지를 건설하는 방식에서 벗어나 '보존'을 표방하면서 시작되었다. 그러나 보존을 표방하기만 한다고 해서 마을이 살아나는 것은 아니다. 새롭게 태어날 수 있도록 하는 무엇인가가 필요했다. 이때 필요한 개념이 바로 '재생'이다.

다시 살아날 수 있는 곳이 감천이라고 생각했다.
이곳에 활기를 불어넣기 위해 필요한 것은 '자긍심'

"재생은 부활이라는 의미가 포함된 것이다. 다시 살아날 수 있는 곳이 감천이라고 생각했다. 이곳에 활기를 불어넣고 싶었다. 그러기 위해서 첫 번째로 필요한 것은 '자긍심'이었다. 내가 살아온 곳에 대한 자긍심 말이다. '나'라는 존재를 설명할 수 있는 것 중 하나가 삶을 이어가는 공간이다. 그 공간에 대한 자긍심이야말로 삶의 진정한 활력소가 될 수 있다고 생각한다."

감천문화마을 예술 감독을 맡고 있는 진영섭 작가의 첫 마디는 의

외였다. 마을을 바꾸는 작업에 앞서 필요한 것이 주민의 자긍심이었다는 말을 쉽게 납득하지 못하자 구체적인 설명을 이어갔다.

감천문화마을로 유입되던 인구가 감소하기 시작한 것은 2천 년대 들어서면서부터다. 일 년에 천여 명씩 마을을 떠나고 빈집이 늘어나면서 마을은 활력을 잃어 갔다. 아이와 젊은이가 사라진 마을은 말 그대로 무채색 그 자체였다. 그러다 보니 마을을 떠나는 이주민은 늘어만 갔다. 그러던 중 마을을 살리기 위한 프로젝트가 시작된 것이다.

진영섭 작가는 함께한 이들이 있었기에 가능했다고 회상한다. 마을 미술 프로젝트가 시작될 그 무렵은 한 기업체로부터 받은 혜택을 세상에 돌려주고 싶다고 생각했을 때이기도 했다. '서부리사이클링'이라는 회사를 운영하는 문정현 회장은 신평에 위치한 무지개공단 내 공간을 예술인들에게 무상 임대해 주었다. 이에 대한 감사의 표시로 공공을 위한 활동을 계획할 즈음에 감천을 떠올렸고 공공미술 프로젝트를 시작하게 된 것이다.

그는 미학을 전공한 백영제 교수와 서비스디자인을 전공한 이명희 교수가 아니었다면 시작도 못했을 것이라고 했다.

"마을 사람들은 프로젝트가 끝나면 우리가 떠날 것이라고 생각했다. 처음 2년은 나를 '진 사장'이라 부르더라. 마을 사람들 눈에는 내가 장사꾼처럼 보였던 모양이다. 그러나 나는 기다렸다. 작업이 끝나도 떠나지 않고 함께하겠다는 믿음을 심어 주기 위해 말없이 일만 했다. 그랬더니 어느 순간부터 나를 '진 작가'라 부르더라."

진연섭 작가는 그때를 떠올리며 웃었다. 처음 공공마을 미술프로젝트를 시작했을 때는 주민들 마음에 믿음이 없었다고 한다. 저희끼리 뭔가 이득을 보고 떠나겠거니, 그래서 우리는 여전히 이 무채색의 마을에 남겨지겠거니 했다는 것이다. 진 작가는 그들의 마음의 소리를 듣기 위해 주민들과 수시로 소통했다. 소통이란 것은 다름 아닌 계속해서 마을에 머물러 있는 것이었다. 그러면서 진영섭 작가는 감천에 필요한 것이 무엇인지 더 깊이 생각하게 되었다.

마을 주민들에게 시급한 문제는 주거환경 개선이었다. 예술작품 설치에 앞서 주거환경이 개선되지 않는다면 주민들의 삶이 나아지지 않을 것이라고 생각했기 때문이다. 이것이 바로 사업 초기부터 주거개선 사업을 지속적으로 한 이유다. 워낙 낙후된 주택이 많다 보니 주거 개선 작업을 열심히 해도 탄력이 붙지 않아 마을 주민들에게 오해를 사기도 했다.

그러나 프로젝트가 성공적으로 진행된 지금, 마을 사람들은 작업자들과 하나가 되었다. 나누고 소통하면서 함께하는 동안 마을 사람들 마음속에는 '자긍심'이 생겼다. 진영섭 작가는 그것을 생각하면 너무도 감사하다.

"숫자는 거짓말을 하지 않는다. 프로젝트가 시작된 지 6년 동안 천 명이 이주했다. 과거 일 년에 천여 명씩 이주하던 것과 비교하면 마을 주민들이 마을을 떠나지 않고 있다는 것을 확인할 수 있다. 물론 숫자 사이에 우리가 모르는 의미가 숨겨져 있을 수도 있다. 그러나 지금 마을을 꾸려 가고 있는 주민들을 보면 확신할 수 있다. 그들의 마음속에 자긍심이 생겨났다는 것을 말이다."

진정한 마을 재생은 마을 주민 스스로가 마을을 일구어 나가는 것, 마을을 '운영'한다고 생각해야 해

진정한 마을 재생은 마을 주민 스스로가 마을을 일구어 나가는 것이어야 한다. 누구도 마을을 '운영'한다고 생각하지 못했다고 한다. 그러나 지금 감천문화마을은 마을이 '운영'되고 있다. 회사가 아닌데 운영이란 말이 어울릴까 싶지만 깊이 들여다보면 분명 '운영'이다.

마을에는 8개의 자치기구가 있다. 주민협의회와 주민 봉사단이 있고 마을 신문을 만드는 마을 홍보단과 수익금을 창출하는 마을 사업단이 있다. 그리고 축제를 운영하는 문화예술 사업단, 체험주택 운영단, 상인회가 있다. 진영섭 작가는 이 많은 단체를 관이나 예술가가 만든 것이 아니라는 게 더 대단한 것이라고 했다.

이러한 단체는 마을 주민 스스로 논의하고 만든 것이다. 관과 예술가들은 주민들의 결정을 다듬고 도와주는 역할만 할 뿐이다. 그러니 마을을 끌고 가는 것은 마을 주민이다. 진정한 재생이 시작된 것이다. 진영섭 작가는 공공마을미술 프로젝트가 표방한 재생과 보존의 주체가 누구여야 하는가에 대한 문제가 가장 중요하다고 했다.

"서비스라는 것은 종교에서 말하는 예배와 같다. 섬김이 전제되지 않는 예배란 없으며 받는 대상자와 드리는 자가 없는 예배도 없다. 이처럼 재생과 보존도 섬김의 자세가 필요하며 대상과 주체가 분명해야 한다. 이런 측면에서 본다면 감천문화마을의 주민들이야말로 말 그대로 대상이며 주체가 되고 있다. 이런 변화가 생길 수 있었던 것 역시 마을 주민들의 자긍심 때문이라고 생각한다."

진영섭 작가 역시 '운영'이라는 개념을 처음부터 생각한 것은 아니다. 서비스디자인의 관점에서 프로젝트를 기획한 이명희 교수와 미학을 전공한 백영제 교수가 아니었다면 불가능한 일이었을 것이다. 이들 두 교수의 인문학적 접근이야말로 감천을 문화마을로 재생하게 한 원동력이다.

진영섭 작가는 감천문화마을과 십 년 동안 함께하겠다는 마음으로 이 일을 시작했다. 그리고 그 약속 시간은 점점 흐르고 있다. 지금 그는 중국이나 일본과 같은 나라에서 마을 프로젝트를 진행하고 있다. 진영섭 작가는 외국에서의 프로젝트를 진행하면서 다른 나라와 감천문화마을의 차이를 느끼고 있다.

"물론 나라마다, 지역마다 조건과 상황이 다를 수밖에 없다. 그러니 그 진행 과정이나 결과도 다를 것이다. 그럼에도 불구하고 다른 나라가 감천과 비교되는 면이 있는 것은 사실이다. 왜냐하면 감천문화마을은 태생적으로 친절한 곳이기 때문이다. 마을 사람들을 직접 만나 보았다면 알 것이다. 다른 어떤 곳보다 사람들이 친절하다는 것을. 그리고 감천의 사람들에겐 색다른 면이 있다. 그것은 다름 아닌 과감하게 자신을 드러내는 용기다."

무채색 일변도의 감천마을에 색칠 작업을 하면서 알게 된 것이 바로 색채에 대한 주민들의 과감함이었다. 감천문화마을이 세상에 알려진 첫 번째 이유는 마을이 예쁘기 때문이다. 그런데 그 예쁨은 누군가 만들어 준 것이 아니라 감천문화마을 주민들 스스로 만들어 낸 것이다. 예술가들이 힘을 더하긴 했지만 색을 선택해 주지는 않았다. 구청 역시 비용을 지원했지만 색채 선택에 어떤 개입도 하지 않았다.

놀랍게도 그 모든 색은 마을 주민 스스로가 선택한 것이다. 주민들은 강력한 색채를 통해 자신의 집이 아름다워지고 가치 있게 변한다는 사실을 알고 있었다. 시간이 멈춘 듯 꼼짝도 하지 않을 것 같던 감천 사람들이 움직였다. 그리고 주택에 색을 입힐 때 주민들의 자유분방한 성향이 드러났다. 그들은 참으로 자유롭고 과감했다.

진영섭 작가는 그때 마을의 가능성을 보았다. 이런 모습은 세계 어디에서도 찾아보기 힘들다. 이런 모습은 바닷가 마을이라서 보이는 성향은 아니었다. 그러니 감천만의 특이한 성향이라고 할 밖에.

꿈을 꾸는 부산의 마추픽추
-길섶미술로(路) 꾸미기

길섶미술로(路) 꾸미기는 작가들의 조형 예술품 10점을 마을 곳곳에 설치함으로써 마을에 활력을 불어넣고 새로운 공간 창출을 시도한 프로젝트로 감천문화마을 조성의 출발점이라 할 수 있다. 이를 통해 활기찬 산동네를 만들고자 했다.

이 사업 역시 마을 주민 의견이 반영된 사업이었다. 사업을 진행하는 데 있어 마을 주민과 소통하고 그들의 의견을 반영하는 데 전체 노력의 80%가 든다는 사실을 아는 이는 드물 것이다.

길섶 미술로(路) 꾸미기에 설치된 작품

희망의 노래를 담은 풍선

달콤한 민들레의 속삭임(주민 참여)

평화의 집 - 그릇의 방/달의 방

무지개가 피어나는 마을(주민 참여)

Good-Morning

꿈꾸는 물고기

가을 여행

내 마음을 풍선에 담아(학생 참여)

우리가 가꾸는 꽃길(학생 참여)

하늘 계단

"주민 동의 없는 설치 작품은 아무 의미가 없다. 작품에 담고 싶은 의미, 설치 위치 등과 같은 문제까지 모두 주민들과 합의되어야 진정 마을 주민들을 위한 사업이 될 수 있기 때문이다."

사업 초기 예술 작품들은 대부분 마을 입구에 설치했다. 주민들 입장에서는 아직 마을의 속살을 보이기 싫었기 때문이리라. 그러나 아이들과 관련된 작품을 만들자는 데는 동의했다. 초기 작품 대부분이 아이들의 꿈과 희망을 상징하는 것들이다. 작품이 설치된 위치도 초등학교 부근이 많다. 학교 부근에 작품을 설치한 것은 아이들이 오고 가면서 작품을 보고 꿈을 꿀 수 있기를 바란 것도 있지만 외부인도 감천의 꿈을 봐 주길 희망했기 때문이다.

2010년 콘텐츠 융합형 관광 협력 사업
-미로미로(美路迷路) 골목길 프로젝트

이 사업은 감천2동 산복 도로변 주거 환경을 역사, 문화, 예술, 환경이 연계된 주민 체감형 공간으로 개발하고자 시작한 사업이다. 특히 감천2동만의 특성을 살려 특색 있는 관광 자원으로 활용하고자 하였다. 또한 지역 공동화로 인한 취약지역의 생활환경 개선과 지역 활성화를 통해 도시 경쟁력을 강화하고자 진행된 프로젝트였다.

그러니까 사업이 마을 깊이 들어온 것이다. 입구에 설치된 작품과 의미가 사람들을 불러 모았다면, 사람들을 마을 깊숙이 끌어들이고

자 했던 것이 바로 미로미로(美路迷路) 골목길 프로젝트다.

진영섭 작가는 사업을 진행하면서 관광객의 패턴을 분석한 결과 젊은이들이 감천문화마을을 많이 찾는다는 걸 알게 되었다. 마을을 찾는 젊은이가 많아지자 마을이 활기를 찾았다.

"감천을 찾는 젊은이들에게 이곳은 신기하고 예쁜 곳이다. 감천은 계절과 날씨에 따라, 또 바라보는 각도에 따라 아름다움이 변하는 마을이다. 그러니까 늘 깨어 있고 변화하는 곳이라는 말이다. 이런 것이 젊은 방문자를 끌어들이는 요소라고 생각한다. 감천문화마을은 젊은 친구들에게는 과거라는 새로움을, 나이 든 사람들에게는 과거라는 추억을 떠올리게 한다. 이처럼 창조적인 게 또 어디 있을까? 창조는 늘 있는 것을 어떻게 보여 주는가의 문제다. 그런 의미에서 감천은 '과거'가 보존된 '미래'라 할 수 있다."

여전히 감천과 함께하는 진영섭 작가의 말이다. 그는 공공마을 미술 사업 후 관광객의 관심이 무엇인지 분석하고 새롭게 제공할 수 있는 것은 무엇인지 고민했다. 그리고 그 문제를 주민들과 나누었다. 주민들 역시 진영섭 작가와 자유롭게 토론하면서 마을의 속살을 내주기로 한 것이다.

골목마다 숨어 있는 예술 작품을 감상하며 그곳에 살고 있는 주민들의 생활을 만날 수 있는 것이 감천문화마을의 매력이다. 감천문화마을 골목길을 걷다 보면 생활이 문화가 되고 그것이 새로운 내일을 만들고 있는 모습을 확인할 수 있다.

테마가 있는 빈 집 프로젝트

사진 갤러리(관람객 참여)

어둠의 집 - 별자리

하늘마루(주민 참여)

흔적 - 북카페

평화의 집 - 그릇의 방

빛의 집 - 집에서

재생을 위한 골목길 프로젝트

마주보다

나무

향수

희망의 나무

영원

문화마당(주민 참여)

2012년 감천문화마을 마추픽추 골목길 프로젝트

마추픽추 골목길 프로젝트는 감천2동 일원에 추가적인 마을 미술 프로젝트를 실행하여 도심 재생과 마을 보존의 효과를 극대화하기 위해 시행한 사업이다.

과거 두 번의 사업 경험을 토대로 생각해 낸 것은 어떻게 하면 마을에 도움이 될까 하는 것이었다. 기존의 사업을 통해 주민들은 자긍심과 희망을 가지게 되었다. 이후 마을을 위해 할 수 있는 일이 무엇인지 구체적으로 고민하기 시작하면서 주민협의회가 결성된다. 그리고 시간이 지나면서 더 많은 주민들이 각자 할 일을 찾기 시작했고 급기야 여덟 개에 달하는 주민위원회가 만들어졌다.

> "2014년 처음으로 마을 기업이 흑자를 냈다. 그 수익금으로 마을 주거 개선 사업을 진행 중이다. 문화를 토대로 한 수익금 창출이라는 놀라운 결과에 주민들 역시 고무되었다. 왜냐하면 마을을 위한 자치 기구를 주민들 스스로 만들고 운영했기 때문이다. 모든 결과의 중심에 주민이 있기 때문에 각각의 사업이 의미를 획득하는 것이다."

마을 기업이 활성화되는 모습을 누구보다 기뻐하는 진영섭 작가는 감천문화마을에 '재생'과 '자생'이 동시에 이루어지기를 꿈꾸었다.

처음에는 오해도 많았다. 누군가는 이익이 생기지 않을 것이라고 생각했고, 또 누군가는 마을 사업에 자신만 배제되는 것은 아닌가 의심했다. 하지만 그 많은 갈등이 해결되기를 기다렸다.

진영섭 작가는 갈등을 두려워하지 않는다고 했다. 갈등이란 간섭에서 시작되는 것이고, 간섭이란 관계가 있기 때문에 가능한 것이니 갈등은 건강하다. 진영섭 작가는 관계에 의한 간섭이 갈등으로 불거진다면 해결할 수 있는 방법도 어딘가에는 있다고 믿었다. 그리고 그 믿음은 옳았다. 마을은 갈등을 해결하고 스스로 성장하기 시작했다.

한쪽 날개로만 날 수 있는 새는 없다. 감천문화마을이라는 새는 더욱 그랬다. 공공미술 사업에 참여한 예술가와 지역 주민 그리고 관(官)이라는 세 개의 날개가 함께 날갯짓을 했기에 가능한 사업이었다.

"이렇게 열심히 일하는 공무원들을 본 적이 없다. 오랜 시간 감천문화마을 관련 업무만 했기 때문에 전문성 또한 대단하다. 사하구청 공무원들 중 가장 늦게 퇴근하는 사람들이 창조도시기획단 사람들이다. 오죽하면 수요일은 정시 퇴근하기로 결정했겠는가. 주민과 함께 생각하고 문제를 해결하려다 보니 근무시간도 길어진 듯하다. 그들의 숨은 노력에 늘 감사한다."

진영섭 작가와 함께 일해 온 공무원들의 노고 역시 대단해 보였다. 처음에는 모두들 반신반의했던 사업이었다. 누구도 성공 가능성을 가늠하지 못했으니 말이다. 그러나 지금은 모두가 부러워한다. 물론 그 부러움 뒤에는 밤 늦도록 집으로 돌아가지 못하는 사람들이 있었다.

기쁨 두 배로 빈집 프로젝트

현대인

바람의 집

감천 낙서 갤러리(관람객 참여)

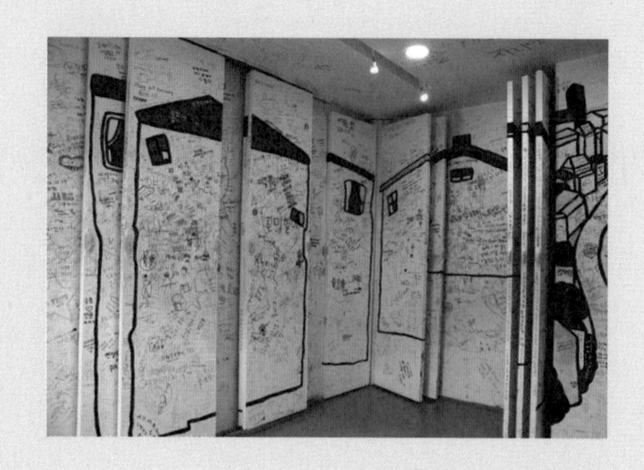

기쁨 두 배로 골목길 프로젝트

감천 아리랑

이야기가 있는 집

포도가 있는 풍경

골목을 누비는 물고기

달콤한 휴식

어린왕자와 사막여우

감천과 하나 되기(주민 참여)

감천문화마을과 관련해서 사용하지 말아야 할 단어 두 가지 '가난'과 '관광객'

마지막으로 진영섭 작가는 감천문화마을과 관련해서 사용하지 말아야 할 단어 두 가지를 강조했다. 그 단어는 '가난'과 '관광객'이다.

> "피난시절은 누구나 가난했다. 그러나 이곳 감천문화마을은 지속적으로 가난한 동네가 되었다. 나는 1981년 처음 감천1동에 들어왔다. 그리고 감천고개 정상에서 감천마을을 바라본 순간 정서적인 충격을 받았다. 사람이 살기엔 참으로 힘겨운 환경이었기 때문이다. 그 때부터 나는 감천을 생각하며 살았다. 그들에게 '가난'이란 단어는 여전히 상처다. 그러니 가급적 사용하지 말아야 한다.
> 그리고 관광객이란 말은 구경꾼의 의미가 있다. 사람이 사는 마을을 구경할 수는 없다. 그들은 감천문화마을을 방문하는 손님이다. 그러니 방문자라고 해야 한다. 감천문화마을에는 지금도 사람들이 살고 있기 때문에 관광객이 아니라 방문자가 맞는 말이다."

아픔을 자꾸만 꺼내 본다고 치유되는 것은 아니다. 아픈 사람에게 자꾸만 아프냐고 묻는 것만큼 고통스러운 것은 없다. 그러니 그들의 상처를 꺼내지 말아 달라는 부탁이다.

그러나 무신경하자는 말은 아닐 것이다. 그들의 열악한 삶을 외면하자는 것이 아니라 말없이 보살펴 주자는 뜻이다. 가난은 나랏님도 구제하지 못한다고 했다. 하지만 모두가 힘을 합치면 불가능한 것만도 아니다.

'관광객'이란 단어를 사용하지 말아 달라는 말에 고개가 끄덕여진다. 사람이 사는 마을을 구경해서는 안 된다. 사람이 사는 곳은 방문하는 것이다. 방문자에게는 손님의 자격이 부여된다. 손님을 맞이하는 주인이 지켜야 할 자세가 있듯 방문자 역시 손님의 자세를 갖추어야 한다.

사람이 살고 있는 집에 동의도 없이 들어가는 것만큼 무례한 짓은 없다. 잠을 자고 밥을 먹고 생각을 하고 휴식을 하는 그들의 시간은 누구의 것도 아닌 그 사람의 것이다. 또 사람이 살고 있는 집을 배경으로 추억을 남기지는 말아야 한다. 그 집에 살고 있는 사람이 함께 누리지 못하는 추억은 이미 추억이 아니다. 사람이 살고 있는 집 앞에서 떠드는 것은 그 집에 살고 있는 사람에 대한 예의가 아니다. 그 집은 그들의 것이지 방문자의 것이 아니기 때문이다. 그러니 방문자는 손님 된 자세로 감천문화마을을 찾아야 한다. 그래야 사람이 살고 있는 그곳에서 문화를 느낄 수 있다.

감천문화마을 골목길 축제

5월이면 감천문화마을에선 축제가 열린다. 말 그대로 축제. 축제가 시작되자 문화마을 입구부터 떠들썩하다. 골목 어귀부터 사람들로 장사진을 이룬다. 앳된 여고생부터 중년의 아주머니들까지 함박웃음을 짓는다. 감천문화마을의 편안함 때문인지 길 위를 걷는 사람들의 뒷모습이 사뭇 여유롭다.

구경 온 사람들의 발걸음이 가벼운 것은 손님을 맞이하는 마을 사람들의 훈훈한 인심이 한몫한 것 같다. 초입에 자리한 뻥튀기 장수는 오가는 사람들이 자유롭게 집어 먹을 수 있도록 뻥튀기를 내어놓았다. 누구나 부담 없이 집어 가라는 친절한 안내판 덕분인지 사람들 손에 뻥튀기가 한가득 들려 있다.

곳간에서 인심 난다는 옛말을 몸소 실천하는 감천문화마을 사람들의 분주한 손놀림에 저절로 배가 부르다. 우연히 다시 만난 손판암 할아버지께서 점심은 먹었느냐고 운을 떼신다. 이것저것 주워 먹었더니 배가 부르다는 대답을 듣고는 잔칫집에서 배를 골면 안 된다며 한사코 음식들이 차려진 부스로 이끈다.

든든한 배를 안고 골목 여기저기를 기웃거린다. 한국의 마추픽추인 감천문화마을에 울려 퍼지는 안데스 음악이 낯설지 않다.

한국전쟁 당시 피난 온 피난민들이 모여 만들어진 마을답게 그 옛날 추억을 경험할 수 있는 체험들이 이채롭다. 물이 귀해 물과 관련된 이야기가 많은 감천문화마을에 등장한 물동이가 눈에 띈다. 물동이에 물을 채워 날라 볼 수 있다. 지게 체험을 담당한 마을운영위 할머니께서 중심을 잡지 못해 비틀거리는 청년을 보고 웃는다. 지금이야 그 모습을 보며 웃지만 옛날 이 물지게로 물을 져다 나르던 날의 고통은 오죽했을까?

감천문화마을 골목축제는 기획부터 행사의 운영까지 주민이 주축이 되어 진행된다. 매년 다양한 프로그램을 준비해 방문객들에게 즐거움을 주고 있다. 그런 노력을 인정받아 2015년 부산시 우수축제로 선정되기도 했다.

올해는 가족 노래자랑, 프린지 페스티벌, 작은 거인 예술단의 공연을 볼 수 있었고, 이색 골목투어와 아트체험 그리고 각종 민속놀이를 즐길 수 있었다.

감천문화마을은 6 · 25 전쟁 당시 피란민촌으로 앞집이 뒷집을 가리지 않는 계단식 구조가 특징이다. 그리고 미로 같은 골목, 알록달록한 지붕 색깔을 가진 곳으로도 유명하다. 이러한 감천문화마을의 특성을 축제의 프로그램에 반영하고 있다.

이번 축제에서는 골목길 곳곳을 방문하는 미로미로 골목길 투어와 우리나라 근대사회 및 산복 도로의 삶과 애환을 느낄 수 있는 체험 프로그램도 마련되었다. 그리고 감천문화마을의 문화 전도사라 할 수 있는 문화해설사가 40여 점의 예술작품 설명을 들려준다.

또한 현지에 거주하시는 할아버지, 할머니를 통해 감천문화마을 골목의 숨겨진 이야기를 들을 수 있고, 스토리텔러가 들려주는 마을 이야기도 들을 수 있다. 거기다 우리나라 전통 혼례 재현과 혼례 행렬 퍼레이드, 골목과 옥상에 소규모 공연을 위한 옥상 프린지, 사진작가와 함께하는 감천 사진교실, 옛 추억을 되새길 수 있는 먹거리 체험, 골목길 놀이 등을 즐길 수 있다.

타코김밥

Welcome! 歡迎
2015. 5.15

골목길 곳곳을 방문하는 미로미로 골목길 투어와 우리나라 근대사회 및 산복 도로의 삶과 애환을 느낄 수 있는 체험 프로그램도 마련되었다.

감천문화마을 산책 3장

감천 공방에서 추억 담기

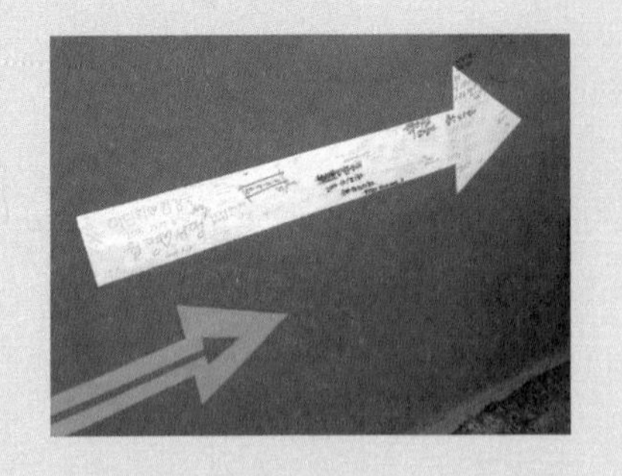

빈집을 리모델링하여 예술작가들이 작품 활동을 할 수 있도록 꾸민 공방으로 골목길을 따라 걷다 보면 만날 수 있다. 이곳에서는 작가들의 다양한 작품을 가까이에서 구입할 수도 있다.

도자기 공방 '흙 놀이터'

컵 그림 그리기, 도자기 만들기, 작가 작품 판매

입주 작가 1기라 할 수 있는 도예가 전영철 씨는 감천문화마을에 입주한 지 올해로 3년째다. 처음 마을 미술 프로젝트 일원으로 참가한 것이 계기가 되어 입주 작가 신청을 하게 되었고 지금까지 감천문화마을 입주 작가로 생활하고 있다.

우연한 계기로 마을 미술 프로젝트에 참가하게 되면서 문화마을과 인연을 맺어, 마을에 대한 생각도 남달랐다. 마을을 찾는 사람들이 많은 만큼 이곳 현지 주민들에게도 많은 혜택이 돌아가기를…….

전영철 씨가 생활환경 개선 사업의 일환으로 진행되었던 마을 미술 프로젝트에 참가할 때만 해도, 감천문화마을을 아는 사람은 드물었다. 그도 그럴 것이 감천이라 하면 부산의 낙후된 동네 중 하나였기 때문이다. 지금도 나이 지긋한 어르신들은 감천에 산다는 말을 함부로 못할 때가 있었다고 회상할 만큼 열악했던 이곳이 '문화'라는 이름으로 다시 태어날 줄 아무도 몰랐을 테니 말이다.

도예가 전영철 씨는 마을 미술 프로젝트에 참가하게 되면서 감천문화마을과 인연을 맺은 터라 마을에 대한 생각도 남달랐다. 그는 자신이 마을 미술 프로젝트에 참가했던 2009년 당시 감천문화마을에는 '하늘마루' 하나뿐이었다고 한다. 그만큼 열악한 환경이었다. 그러나 허물어지고 낡은 동네를 새롭게 가꾸는 동안 마을에 대한 자신의 생각이 많이 바뀌었다고 전한다.

"애착이 생겼다. 마을이 모습을 갖추게 되면서 감천문화마을다운 것은 무엇인지 생각하게 되었다. 물론 지금도 그 생각은 변함이 없다. 마을을 찾는 사람들이 많은 만큼 이곳 현지 주민들에게 많은 혜택이 돌아가길 바란다."

마을의 역사적 가치를 살려 구조적 특징을 보전하는 것이 무엇보다 중요하다고 말하는 전영철 씨는 시각으로 느끼는 물질적 발전뿐만 아니라 마을 기업 운영의 활성화도 바랐다. 마을이 살아야 모두가 사는 것 아니겠냐며, 사하구청 주도에 마을 발전을 바라기보다는 주민들 스스로가 참여할 수 있는 일들이 많이 생겼으면 좋겠다고 했다.

그러고 보니 공방의 구조가 특이했다. 네모 반듯한 일반적인 건물과 달리 오각형에 가까운 형태였다. 거기다 실내 벽면이 울퉁불퉁했다. 언뜻 보면 천장도 삐뚤어진 것 같았다.

공방은 감내 어울터 1층에 위치해 있다. 밖에서 보면 1층이지만 안에서 보면 반지하다. 공방의 위치 때문에 힘든 것은 없냐고 물었더니, 오래된 건물을 그대로 보존하려고 보수 공사를 최소화해 곳곳에 물이 샌다고 한다. 이런 부분은 건물을 재생할 때 꼼꼼히 살펴야 할 부분이 아니었나 하는 아쉬움도 내비친다.

"내가 다 고쳤다. 이 벽도 내가 바르고, 천정에 물 새는 것도 내가 다 막았다. 겨울에 추운 것은 옷을 껴입으며 견디는데, 여름에 물이 새는 것은 어쩔 수 없더라. 하는 수 없이 내가 방수 공사를 했다. 도예

비 오는 날 공방체험단과의
약속시간을 맞추기 위해
마을로 달려오다가
교통사고가 나기도 해

가라 그런 일이 그리 힘들지는 않았다."

사람 좋게 웃는 전영철 씨의 이야기를 듣다 보니, 공방 내부가 새롭게 보였다. 애정을 갖고 손질하여 다듬은 공방은 좁은 공간을 나름대로 분할해서 사용하고 있었지만 잘 정돈되어 있었고 무척이나 깨끗했다.

남자분이 참 깨끗하다고 칭찬을 하자 그냥 웃기만 했다. 가마도 없이 공방을 시작한 사람치고는 마음의 여유가 느껴졌다. 공방을 시작할 때 모습을 묻자 그냥 힘들었다고만 대답했다. 그러면서 가마 없는 공방으로 시작했다는, 한마디로 힘들었던 지난 시간을 설명했다.

이곳에서 작품활동 하는 것만으로는 생활이 힘들어 외부에서 일을 하고 있다고 했다. 물론 공간은 무료다. 하지만 그는 임대료와 별개로 생활을 위한 벌이를 위해 다른 직업을 가질 수밖에 없었다.

감천문화마을에 입주하면서 얻게 된 혜택은 무료로 공방을 사용할 수 있다는 것이다. 공과금만 지불하면 1년 동안 무상으로 제공되는 공간이다.

이곳에서 생활하면서 기억에 남는 일이 있느냐고 물었다. 그랬더니 공방체험단과의 약속 시간을 맞추기 위해 비 오는 날 무리하게 감천문화마을로 달려오다가 교통사고가 난 적이 있다고 했다. 그런데 막상 도착해 보니 체험하고 싶다던 사람들은 사라진 뒤였단다. 그런 경험이 허탈함을 더해 주기도 했단다.

그는 또 마을 어르신들을 대상으로 한 달에 한두 번 체험 활동을 진행하고자 했지만 그 역시 쉽지 않았다.

"동네가 너무 경사져 연세 많은 어르신들이 공방까지 내려오지 못하는 경우가 많다. 감천문화마을을 위해서 현지 주민들과 할 수 있는 활동을 늘 생각 중이지만 이 역시 쉽지 않다."

전영철 씨는 늘 마을과 함께하고자 하지만 여건이 녹록지 않음을 토로했다. 마을 주민들은 대부분 연로하신 노인들이다. 그들과 함께 도자기도 굽고 이야기도 나눌 수 있기를 바라지만 감천문화마을의 길은 너무 가팔라 연로하신 노인들은 외출이 쉽지 않다. 그런 상황이 안타까워 다른 방법을 생각해 보지만 아직 좋은 방안이 떠오르지 않는다.

체험은 사전 예약을 받는다. 감천문화마을에서 도자기 체험을 하고자 하는 사람들은 도예가 전영철 씨에게 연락을 해 미리 예약을 하면 된다.

개인은 20,000~25,000원, 단체는 13,000~18,000원 정도이며 1시간가량 체험활동을 할 수 있다. 도자기를 처음부터 구워 볼 수 있으면 좋겠지만, 그렇지 못한 경우 반제품에 그림을 그려 가져갈 수도 있다. 간혹 그림을 그리고 구운 자기만의 컵이나 그릇을 원하는 사람이 있다. 그럴 땐 도자기를 구워 택배 배달을 해 주기도 한다.

카툰 공방 '카투니스트 네 가지'

캐리커처 그리기, 작품 전시, 작가 작품 판매

작가 공방 코스 중에서도 가장 깊숙한 곳에 위치한 건물이 바로 '카투니스트 네 가지'다. 어렵게 공방을 찾아가니 입구의 입간판이 방문객을 먼저 맞는다. 공방 안에는 사람의 특징을 살려 그린다는 캐리커처가 곳곳에 전시되어 있다.

빈집을 수리하여 예술가들에게 임대하는 곳이라 그런지 공간이 그리 크지는 않았다. 어떻게 보면 캐리커처와 어울린다는 생각이 들기도 했지만, 이곳에 입주해 있는 작가 유현민 씨는 공간의 협소함이 좀 불편하다.

"캐리커처도 그림이라, 작업 장소가 중요하다. 좁은 공간에서 그림도 그리고 방문객을 맞이해야 한다. 물론 방문객의 체험을 돕기도 한다. 그러다 보면 작업의 흐름이 끊기거나 작업을 포기하는 경우도 생긴다. 이 모든 어려움은 내가 감수해야 하는 것이긴 하지만 아쉬울 때가 있다."

유현민 씨는 작업 공간으로 방문객이 찾아오는 경우가 많아 작업에 집중하기 힘들다며 말을 아꼈다. 사람을 만나고 사람을 그리며 기뻐하는 것은 좋은데, 집중적으로 그림을 그릴 수 있는 여건이 마련되어 있지 않은 것이 힘든 부분이라고 했다. 그러면서 작업만 할 수 있는 독립적인 공간이 주어지면 좋겠다며 웃었다.

외부인도, 그렇다고 마을의 일원도 아닌 어정쩡한 위치라 마을 주민들과의 소통에 신경 써

'카투니스트 네 가지'는 여성 작가 단체다. 그들이 이곳에 터를 잡은 것은 단체 입주가 가능하다는 점, 그리고 상설 전시장이 제공된다는 점, 거기다 공간의 무료 제공이라는 장점이 있었기 때문이다.

하지만 내부인이 아닌 외부인으로 분류되는 것 같은 아쉬움이 있다. 이곳에서 작업하는 작가들을 '입주 작가'라고 부른다. '입주 작가'란 일정 기간 이곳에 머물도록 허락된 작가란 의미가 포함되어 있다. 유현민 작가는 입주 작가란 말에서 이미 외부인이 되는 것 같은 느낌이 든다고 말한다.

"외부 작가도 아니고 그렇다고 마을의 일원도 아닌 어정쩡한 위치라 마을 주민들과의 소통에 신경을 많이 쓴다. 작업실 문을 열어 두면 누구나 쉽게 들어온다. 그런데 작업실을 찾는 사람들 대부분이 방문객이다. 우리는 마을 주민들이 이웃집에 놀러 가듯 들려주기를 바라는데... 그리 쉬운 일은 아닌 것 같다."

조심스럽게 말꼬리를 흐리는 유현민 씨를 보면서 스스로 감천문화마을의 일원이 되고자 노력하는 마음가짐이 느껴졌다.

유현민 씨 역시 이곳에서의 작업만으로는 생활이 힘들다. 주말 체험으로 벌어들이는 수입으로는 감천문화마을 작업실에 오고 가는 차비 정도라고 생각하면 된다. 수요가 그리 많지 않다는 이야기다.

그럴 만도 한 것이, 작가 공방이 있는 장소가 방문객들의 동선과

공간의 협소함과 카툰이라는 특성상 단체 체험은 힘들고 개인 체험은 가능하다. 작가가 그려 준 밑그림에 색칠을 하고 본인들이 원하는 작품을 완성하는 데 드는 비용은 만 원이다. 한두 시간 정도 투자하면 세상에 하나뿐인 그림을 소장할 수 있다.

는 좀 떨어진 곳에 위치해 있다. 사람들이 많이 모이는 동선에 위치한 공간은 아무래도 비용적인 부담이 있다. 마을 사람들 입장에서는 사람이 많은 동선은 수입원이 될 테니 쉽게 무료로 제공할 수만은 없을 것이다.

방해받지 않고 자신만의 예술 작품을 하고 싶다는 생각은 어느 작가나 가지는 꿈이다. 특히 방문객이 자주 찾는 감천문화마을에서의 작업은 그리 쉽지 않을 수도 있겠구나 하는 생각이 들었다.

하지만 입주 작가들은 마을의 활성화를 위해 그런 어려움 정도는 감수한다. 하지만 지역자치단체가 진행하는 사업에 참여해야 하는 경우는 조금 힘들다. 인근 지역에서 열리는 축제와 같은 행사에 참여해야 하는 경우가 힘든 경우에 해당된다.

기관에서 입주 작가들에게 참여를 권할 때면 작가들은 힘들어도 참여할 수밖에 없다. 특히 체험활동 비용을 저렴하게 조정해 달라는 요구는 생각보다 힘든 부탁에 속한다. 어디에서 체험 활동을 진행하든 작가들의 노력은 동일한데 지역자치단체 관계자들은 감천문화마을이 아닌 다른 곳에서 활동을 진행하면 비용 절감이 가능하다고 생각하는 것 같다.

카툰 공방 체험은 작가들이 밑그림을 그려 주면 체험 참가자들이 색을 칠하는 방식으로 이루어진다. 그러니까, 체험 참가자가 많으면 많을수록 작가들의 작업 양은 많아지고 힘들어지는데 체험 비용을 저렴하게 조정하라는 요구가 들어올 때마다 기운이 좀 빠진다.

하지만 그런 어려움에도 불구하고 이곳 감천문화마을에 입주해 있는 것은 이곳의 아름다운 전망과 작품을 전시할 수 있는 전시실이 있기 때문이다.

작업실 2층에 위치한 전시실은 아담하면서 짜임새가 있었다. 특히 감천항을 향해 나 있는 넓은 창은 이곳이 감천문화마을임을 느끼게 해 준다. 작가들의 작품이 전시돼 있고 한쪽에는 감천문화마을을 상징하는 여러 가지 공예품을 판매하고 있어 원하는 것을 살 수도 있다.

작가란 작품을 만들고 누군가에게 보여주며 공감을 얻을 때 행복한 사람들이다. 그러니 이곳 작가들에게 상설 전시실이 있다는 것은 그 무엇보다 중요한 판단 기준이 될 것이다.

유현민 씨가 감천문화마을을 좋아하는 이유 중 한 가지는 감내어울터에서 진행하는 미술 수업 때문이다. 마을 주민들을 상대로 진행하는 미술 수업이야말로 작가들이 주민들과 소통하는 좋은 시간이라 그러한 시간은 얼마든지 할애할 수 있다고 한다. 특히 할머니 할아버지들이 아이들과 어울려 그림을 그리고 기뻐하는 모습을 보면 더없이 기쁘다. 유현민 씨는 입주 작가가 주민과 하나가 될 때 감천문화마을의 문화적 자생력이 커지는 것 아니겠느냐고 했다. 주민들이 문화 사업에 참여하기 시작하면서 마을 분위기가 더 밝아진 것을 느낀다.

유현민 씨의 말을 들으며, 문화란 생활 속에서 그 힘을 발휘하는 것이구나 하는 생각이 들었다. 생활과 삶이 없다면 문화란 생길 수 없는 것 아니겠는가.

공간의 협소함과 카툰이라는 특성상 단체 체험은 힘들고 개인 체험은 가능하다. 작가가 그려 준 밑그림에 색칠을 하고 본인들이 원하는 작품을 완성하는 데 드는 비용은 만 원이다. 한두 시간 정도 투자하면 세상에 하나뿐인 그림을 소장할 수 있다.

누구든 지나가다 들러 체험을 할 수 있다고 하니 감천문화마을 지도를 들고 공방을 열심히 찾아보자. 의외의 장소에서 기분 좋은 그림과 만나게 될 것이다.

서양화 공방 '감천연가'

그림엽서 만들기, 티셔츠 만들기, 에코백 만들기, 작가 작품 판매

선과 면으로 그려진 집들 밑에 적힌 '이것은 집이 아니다, 태도다.'라는 작가의 말. 감천문화마을은 '배려'와 '공동체'라는 개념으로 형성된 곳이니 '태도'인 것

입주 작가들이 전미경 작가는 만나기 힘든 작가라고 했다. 그리고 입주 작가 중 공방을 운영하지 않는 유일한 작가라고도 했다. 그래서 그런지 '감천연가' 입간판 앞은 한산했다. 평일이라는 점을 감안해도 지나치게 조용해 공방을 잘못 찾았나 하는 생각이 들 정도였다. 그렇게 골목을 서성이다 문득 든 생각은 조용한 골목이라 그림 그리기 좋을 것 같다는 것이었다.

그렇게 혼자 서성이다 문을 두드렸다. 잠시 후 화실 문이 열렸다. 화실에 들어서는 순간 가장 먼저 눈에 띈 것은 나무 의자였다. 전미경 작가는 발이 시릴 거라며 실내화를 내주었다. 그러고는 작업실 옆에 있는 주방으로 가 커피를 탔다. 차가운 실내 공기 틈으로 달콤한 커피향이 풍겨 왔다. 커피가 옮겨지기를 기다리며 방 한가운데 놓여

있는 나무 의자에 앉았다.

그리고 눈으로 작업실을 살폈다. 역시나 작고 아담한 실내 곳곳에 그림과 관련된 물품들이 놓여 있었다. 작은 소품부터 액자가 된 그림들까지 공간 전체가 화가의 작업실임을 말해 주고 있었다. 특히 작업실 곳곳에 걸려 있는 그림들이 친근했다. 자세히 보니 그림들은 모두 감천의 집들을 그려 놓은 것이었다.

집들은 단순한 면과 선의 조합으로 그려져 있었다. 똑같은 것 같지만 서로 다른 집들이 일렬로 늘어선 모습은 마치 감천문화마을 한 곳을 그대로 가져다 종이에 옮겨 놓은 것 같았다.

선과 면으로 이루어진 집들 밑에 적혀 있는 '이것은 집이 아니다, 태도다.'라는 작가의 말과 낙관이 생각을 끌어냈다. 이곳 감천문화마을은 '배려'와 '공동체'라는 개념을 바탕으로 형성된 곳이니 '태도'인 것이 맞는 듯했다. 작가가 감천문화마을을 '태도'라고 명명할 수 있는 것은 그만큼 감천문화마을을 이해하고 있기 때문은 아닌가 하는 생각이 들었다.

혼자 앉아 이런저런 구경과 생각들을 들었다 놨다 하는 동안 전미경 작가가 커피를 내왔다. 그러더니 내가 앉아 있는 곳이 의자가 아니라 탁자라고 했다. 어린 시절 학교 강당에 놓여 있던 긴 의자를 생각하고 덜렁 앉았는데 그곳이 탁자라니 엉덩이를 들기도 민망할 만큼 미안했다. 어정쩡하게 몸을 일으키니 작가는 작은 털조끼를 입혀 놓은 의자 하나를 내놓는다. 유치원생들이 사용할 법한 의자에 못 입는 조끼를 입혀 방석을 대신하고 있었다. 발상이 재미있어 크게 웃고는 의자에 앉았다. 작은 조끼 덕에 엉덩이가 따뜻했다.

그렇게 마주 앉아 커피를 마시며 이야기를 시작했다.

사람 냄새 나는 감천문화마을에 매력을 느껴. 그림을 그리고 있을 때 들리는 이웃집 설거지 소리와 된장찌개 냄새

전미경 작가 역시 여느 입주 작가들처럼 3년 전에 처음 감천문화마을에 입주했다. 그녀는 이곳에서 생활과 작업을 한다. 본인의 작업 특성상 생활과 작업을 동시에 할 수밖에 없다. 한 번 작업에 들어가면 몇 날 며칠을 매달려야 하니 차라리 이곳에서 숙식을 해결하게 된다.

입주하게 된 계기를 묻자, 감천에 살고 싶었기 때문이라고 했다. 왜 그녀는 감천에 살고 싶었을까? 그녀는 이어지게 될 질문에 먼저 답을 했다. 생활과 작업이 동시에 될 수 있다는 장점과, 다른 작업실에서는 경험하지 못하는 것들을 경험할 수 있기 때문이라고 했다.

> "벽화를 그리면서 감천을 알게 되었다. 당시 나는 다른 곳에서 작업실을 운영하고 있었다. 그런데 공공 마을 미술 프로젝트에 참여하면서 감천과 인연을 맺게 된 것이다."

전미경 작가는 다른 곳에서도 작업실을 운영해 본 전업 화가다. 그러던 그녀는 우연한 기회에 감천문화마을 벽화를 그리게 되면서 감천을 알게 된 것이라고 했다. 전미경 작가는 그림을 그리고 마을 사람들을 만나면서 사람 냄새 나는 감천문화마을에 매력을 느꼈다.

"마을 주민들이 내 작업실을 찾아오는 경우가 종종 있다. 관계자가 아닌 생활인이 찾는 작업실이다 보니 사람 냄새가 난다. 그리고 그 사람 냄새가 나에게 작품의 영감으로 작용하는 것은 사실이다."

전미경 작가는 자신을 사실을 넘어 추상이 시작되는 지점에 위치한 화가라고 소개했다. 극단적인 사실 너머에 있는 추상을 찾아가는 그녀의 눈빛이 잠시 아련해졌다. 그렇다면 감천문화마을이 안고 있는 장점이 무엇이냐고 물었더니 '생활'이라고 했다.

"이곳에서는 매 끼니 냄비 밥을 해 먹고, 요리를 하게 된다. 이곳 자체가 삶이고 생활이 이어지는 공간이기에 가능하다. 이전에 다른 곳에서 생활할 때와 가장 큰 차이다. 감천에서는 '생활'이 된다. 이는 감천문화마을이 만들어진 이유와도 만난다고 생각한다. 처음 이곳으로 이주해 온 많은 사람들 역시 '생활'을 하기 위해서였을 것이다. 전쟁이라는 고통을 겪은 후에 찾고자 한 그분들의 '생활'을 감히 나의 '생활'과 쉽게 비교할 수는 없겠지만 말이다."

전미경 작가는 자신이 감천문화마을에 살기 시작하면서 겪게 된 변화를 들려주었다. 물론 '방해'가 없지는 않다. 전업 화가로서 자신과 싸우는 시간에 누군가가 찾아오면 말 그대로 '방해'가 된다. 전시를 앞두고 그림 그리는 시간이 자신과의 싸움이라 표현한 것을 십분 이해한다 했더니 그럼 '방해'도 이해하느냐고 되물었다. 물론 이해한다. 영감의 끝자락을 막 붙잡았는데 누군가 내 뒷목을 잡고 당겨 버리는 느낌. 그 느낌을 이해하지 못하는 사람들의 '방해'가 야속할 때

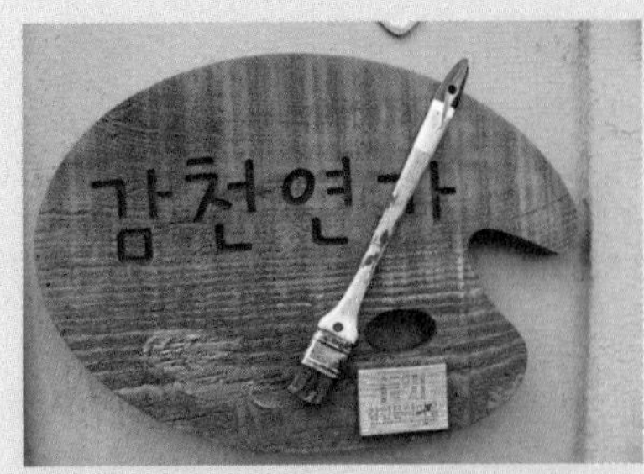

작가들의 머릿속에
있는 아이디어를 꺼내
구체화하고, 구체화된
사업이 마을 사람들에게
이익을 제공해야

도 있지만, 그 야속함보다는 '생활'이 주는 활력과 건강한 변화가 좋아 문화마을에서 3년을 보냈다.

> "나는 그림을 그리고 있을 때 들리는 이웃집 설거지 소리와 된장찌개 냄새가 생활이라고 생각한다. 삶이 이어지는 매 순간 들려오는 소리와 냄새. 그것들이 나를 변화시키고, 나에게 영감을 준다."

빈집 프로젝트로 만들어진 작업실이라 그런지 많이 춥단다. 방 한가운데 놓여 있는 연탄난로를 보고 이미 짐작했다고 말하자, 겨울에 손이 '트고' 얼굴이 '트는' 경험을 했다고 한다. 전미경 작가는 낡은 집에 산다는 것이 얼마나 힘든 일인가 하는 것을 몸소 느꼈다. 리모델링을 할 때 약간의 난방만 해 주었어도 얼굴이 '트는' 경험은 하지 않았을 것이라고 했다. 그녀는 거칠어진 얼굴 피부가 자신의 게으름 때문인 줄 알았다며 웃었다. 봄기운이 무르익어 가는 시간인데도 발이 시렸다. 따뜻한 차 한 잔으로 몸을 녹일 수밖에 없었지만 창밖으로 보이는 풍경에 위로를 받았다.

감천을 무척이나 사랑한다는 전미경 작가는 '마을이 함께하는 공동체'가 되었으면 좋겠다고 했다. 단순히 그림을 그리고, 전시를 하는 것이 목적이 아니라 마을 분들에게 직접적인 도움이 될 수 있는 일은 무엇인가 고민하게 된다고 했다.

마을 분들은 당장 전기요금이나 수도 요금을 대신할 돈이 필요한 것이라며 마을의 구성원에게 도움이 될 수 있는 '기획'의 부재를 안타까워했다. 입주 작가든 전업 작가든 그들의 아이디어를 끌어낼 수 있는 기획을 위한 '연구'가 뒤따라야 한다는 것이다. 그러기 위해서는 주민자치위원회와 작가가 연결될 수 있도록 해야 한다. 관(官) 주도하의 사업이란 어쩔 수 없이 성과주의다. 그녀는 그런 문제를 알고 있기에 더욱더 '연구'의 필요성을 느낀다고 한다. 진정한 '문화'는 공동체가 함께 성장하는 것이어야 한다.

"기획의 부재란 다름 아닌 아이디어다. 우리 같은 작가들의 머릿속에 있는 아이디어를 꺼내 구체화하고, 그렇게 구체화된 사업이 마을 사람들에게 이익을 제공해야 한다. 그런 일련의 과정 중 관(官)에서 할 일은 그러한 사업을 주도하는 것이 아니라 도와주는 것이어야 한다. 구체화된 사업을 홍보하고 도와주는 것, 그것이야말로 주민들의 삶에 영향을 주는 밝은 사업이 된다."

2시간 동안 주고받은 이야기 중 무려 1시간 30분 동안 이어진 내용은 다름 아닌 감천문화마을에 살고 있는 주민들을 위한 사업이 무엇인가 하는 것이었다. 전미경 작가의 감천 사랑이 절절히 느껴지는 대목이었다.

전미경 작가는 감천문화마을이 새롭게 살아나자 갑자기 나타난 관(官)을 긍정하지 못하는 마을 사람들을 종종 본다. 힘겹게 다독이며 일구고 살 때는 모르는 척 외면하더니 이제야 나타나 무엇인가를 주도하겠다는 관. 그 관을 향한 싸늘한 시선에는 그들이 힘겨운 시간의 골짜기를 지날 때 돌아봐 주지 않았음에 대한 원망도 있을 것이다. 그렇다면 이들의 마음은 누가 열어야 하나 싶은 생각이 들었다.

'감천연가'에서도 체험은 할 수 있다. 전미경 작가는 토요일 시간을 내어 화실을 찾은 사람들과 여러 가지 체험을 한다. 엽서 그리기와 스탬프 깎기, 스탬프 찍기를 통해 감천을 가져갈 수 있다.

"감천에만 있는 것들을 체험하게 해야 하고, 감천에서만 살 수 있는 기념품이 필요하다. 안동에도 있고, 인사동에도 있는 기념품은 이곳 감천에서는 아무 의미도 없다. 그래서 여러 가지 고민을 했다. 그래서 만들어진 것이 화실에 전시되어 있는 기념품이다. 이것들은 모두 마을 사람들의 노력이 들어간 작품이다."

마을의 수익 사업 활성화에 대한 고민을 들려주면서, 지금까지 체험활동을 해 온 몇 가지 작품을 보여 주었다.

지우개를 깎아 만든 스탬프는 나무 상자에 담겨 있었다. 체험활동 중에 만들어진 스탬프 그림을 모아 에코백을 만들었다. 전미경 작가가 직접 디자인한 에코백은 감천 아이들이 스탬프 그림을 직접 오려 가방에 디자인으로 넣은 것이다. 그 외에 집 모형 기념품도 눈에 띄였다. 앙증맞은 집 모형은 다름 아닌 감천을 가져가는 것이기에 더욱 뜻깊은 기념품이 될 것이다.

천연염색 공방 '천연염색 회윤'

손수건 만들기, 스카프 만들기, 작가 작품 판매

물들일 '회(繢)'와 젖을 '윤(潤)'이 합쳐진 이름 회윤. 천연염색가 김미경 씨는 자신의 공방 이름이 '회윤'인 이유를 설명해 주면서 사전에도 잘 없는 한자라고 했다. 정말 그랬다. 사전에서 찾기란 쉽지 않았다. 그녀는 스승님께서 지어 주신 이름이라 소중히 생각한다며 의자를 내주었다.

공방은 역시나 작았다. 다른 공방도 작고 아담했지만 공방 '회윤'은 유난히 작았다. 김미경 씨는 입주 작가들이 사용하는 공방 중 자신의 공방이 가장 작다고 했다. 하지만 불만은 없다. 이런 곳을 내주는 게 어디인가. 공간을 공짜로 내주는 것이 쉬운 일은 아니지 않은가. 말을 듣고 보니 그런 것 같기도 했다. 누가 되었든 무료로 공간을 내주는 일은 그리 쉬운 일이 아닐 테니 말이다.

스스로를 '자발적 백수'라 명명하고 있기에 이곳에서의 생활에 언제나 만족해

김미경 씨 역시 다른 작가들처럼 3년 전에 감천문화마을에 입주했다. 공식적인 입주 작가는 5명이지만 개인적으로 공간을 마련해 문화마을로 이주해 온 작가들도 있다. 그녀는 그들 역시 이곳의 작가로 살아가겠지만 입주 작가와 조건이 달라 마음이 좀 쓰인다고 했다. 매사에 감사하는 김미경 씨의 성격으로 봐서는 충분히 가능한 걱정이란 생각이 들었다. 김미경 씨는 공간을 무료로 이용하고 있는 것이 비입주 작가에게 미안한 부분이라고 했다.

김미경 씨를 만나면서 감천문화마을이 사람을 불러들이는 매력은 무엇인가 하는 생각이 들었다. 그리고 떠오른 생각은 미로처럼 이어지는 길과 건물의 조합에서 느낄 수 있는 편안함과 자유로움이 아닌가 하는 것이었다. 천연염색 공방을 꾸리고 있는 김미경 씨 역시 감천의 매력은 골목과 편안함이라고 했다. 햇살이 드나드는 골목의 조용함이 좋아 길가에 나앉아 작업을 할 때도 있다는 그녀는 아담하고 조용한 골목이 주는 휴식을 가장 사랑한다.

김미경 씨는 이곳 감천문화마을에 감사한다. 공간이 좁고 좀 춥긴 하지만 자유롭게 작업할 수 있는 것이 어디인가. 스스로를 '자발적 백수'라 명명하고 있기에 이곳에서의 생활에 언제나 만족한다.

제주에서 8개월 정도 '자발적 백수'로 염색 작업을 하다가 조카가 태어난다는 소식을 듣고 부산으로 한달음에 달려왔다. 조카가 태어난다는 사실이 너무도 감사해 제주의 작업실을 과감히 포기할 수 있었다. 그리고 그 무렵 감천문화마을에 입주 작가 모집이 있다는 소식을 듣고 지원했다.

"계약이 3년이나 이어진 것에도 감사한다. 일 년에 한 번씩 입주 작가 모집 공고가 나간다. 기존에 있던 작가들도 입주 심사를 다시 받아야 하는데 다행히 계약을 할 수 있어 감사하다. 그래서 더 열심히 작업을 하게 된다. 이곳에서 생활은 그렇게 넉넉하지 않다. 한 달에 한두 번 체험 팀을 받으면 공과금은 낼 수 있다. 그리고 가끔 고기도 사 먹는다. 그 정도면 된 것 아닌가? 어차피 이곳에서 생활은 각자의 몫이다."

귤껍질에서는
연두색이 나고, 바나나
껍질에서는 갈색이
난다는 사실을 알게
된 아이들의 반짝이는
눈빛이 너무 좋아 더
알려 주고 싶어 말이
빨라진다.

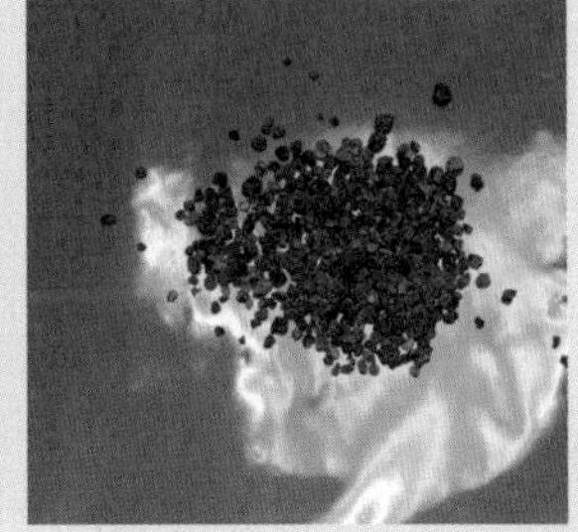

김미정 씨의 활달한 모습이 보기 좋았다. 염색이라는 작업 특성상 물을 사용해야 하는데 물이 나오는 작은 마당에는 지붕이 없다. 그래서 비가 오면 작업을 중단하기 일쑤다. 하지만 골목의 담이 낮아 염색한 천을 말리기엔 더없이 좋다. 김미경 씨는 공방 환경에 대해 설명하면서 단점이 있으면 장점도 있는 것 아니겠냐며 웃었다.

주어진 환경을 적극적으로 받아들이며 살아가는 모습이 곱게 물들어 있는 쪽빛을 닮은 듯했다. 푸르다 못해 눈이 시린 쪽빛은 항균 작용이 있어 한여름 물에 젖은 채 며칠이 지나도 쉰내가 나지 않는다. 그만큼 청명하고 맑은 색이다. 그러니 김미경 씨를 닮았다는 것이다.

재료가 무엇인지 아는 것이 중요하다는 믿음 때문에 김미경 씨가 지금까지 지켜 오는 규칙. 무엇이든 근원을 알게 되면 의미가 새롭듯이 재료의 본질을 알고 나면 체험을 더 소중하게 생각한다고.

김미경 씨는 자신을 '동심 파괴자'라고 소개하기도 했다. 염색 체험을 온 아이들에게 단지 기계적인 체험을 권하고 싶지 않다는 소신이 있다 보니 그렇게 될 수밖에 없었다.

김미경 씨는 염색 재료를 일일이 소개하고 그 특성을 설명했다. 귤껍질에서는 연두색이 나고, 바나나 껍질에서는 갈색이 난다는 사실을 알게 된 아이들의 반짝이는 눈빛이 너무 좋아서 더 알려 주고 싶어 말이 빨라진다.

"저 예쁜 분홍색은 벌레에서 나오는 색이다. 멕시코에서 사는 '코치닐'이라는 벌레에서 추출한 분홍색은 딸기 우유에도 사용한다. 그렇게 설명하면 아이들이 경악하지만 호기심 많은 아이들은 염료 알갱이를 입으로 가져가기도 한다."

돌멩이처럼 동글동글한 코치닐이 사실은 동물의 사체라는 사실을 말해 주면 어른들도 놀란다. 그렇지만 재료가 무엇인지 아는 게 중요하다는 믿음 때문에 김미경 씨가 지금까지 지켜 오는 규칙이다. 무엇이든 근원을 알게 되면 의미가 새롭듯, 재료의 본질을 알고 나면 체험자들이 체험을 더 소중하게 생각한단다.

"단체로 체험을 하고 간 한 아이가 이튿날 바로 자신의 부모님과 다시 방문했을 때는 정말 보람을 느꼈다. 부모님께서 아이의 손에 끌려왔다며 오히려 감사하다는 인사를 하더라. 사실 내가 더 감사한데 말이다."

김미경 씨는 아이들과의 만남에 대한 남다른 경험도 들려주며 사람 좋게 웃었다. 학교에서 단체 관람을 다녀간 아이가 다음 날로 부모를 모시고 온 경우라 더욱 의미 있었다. 간혹 그렇게 다시 찾는 사람이 있어 힘든 작업을 계속하게 되는 것인지도 모르겠다.

감천문화마을에 작업실을 낸 후 가장 기억에 남는 만남은 우연히 작업실에 들른 프랑스인 방문객이었다. 그녀는 그것도 불과 며칠 전에 일어난 일이라며 들뜬 목소리로 이야기를 들려주었다.

인터뷰를 하기 며칠 전 햇살이 너무 좋아 밖에서 염색을 하고 있을 때 지나가는 외국인 한 명과 눈이 마주쳤단다. 성격 좋은 김미경 씨는 방문객과 눈인사를 나누었다. 그런데 눈인사를 끝내고 지나갔던 외국인이 되돌아와 염색 중인 김미경 씨에게 물었다. 혹시 천연 염색가냐고. 그래서 그렇다고 했더니 자신도 프랑스에서 염색을 하는 염색가라며 반가워했다. 김미경 씨는 같은 직업 종사자를 만난 기쁨에 방문객을 공방으로 안내했다. 그러자 그가 공방에 전시해 놓은 작품을 유심히 살펴보았다. 그러더니 언제 프랑스에서 전시회를 한 번 해 보자고 제안했다. 김미경 씨는 너무 놀랍고 당황했지만, 자신의 작품 세계를 눈여겨봐 주는 그 외국인이 반가워 어설픈 영어 실력으로 이야기를 나누었다.

그렇게 작별 인사를 한 뒤 공방을 떠난 그가 다시 돌아온 것은 불과 몇 분 지나지 않아서였다. 놀랍게도 그의 손에는 막걸리 한 통이 들려 있었다. 프랑스 방문객은 한국 술 중 막걸리를 가장 좋아한다며 자신의 배낭에 달고 다니는 양은 막걸리 잔을 꺼내 술을 따랐다.

> "그런 인연이 어디 있겠는가. 참으로 반가웠다. 우리 문화를 잘 이해하고 있는 것 같아 나누어 마신 막걸리가 더욱 맛있었다. 그리고 한국인과 다른 시선으로 나의 작품을 봐 준 그 여행객과의 인연은 나에게 힘이 된다."

이곳에서도 체험을 할 수 있다. 손수건 만들기나 티셔츠 만들기도 가능하다. 아이들의 경우 무조건 직접 만들어 보도록 하기 때문에 30분에서 1시간 정도 시간이 소요된다. 공간이 협소해 비 오는 날에는 염색할 장소가 모자라기는 하지만 최대한 공간을 확보해 체험을 진행하려고 노력 중이다.

누구나 찾아오면 대환영이란다. 마음 편히 찾아가 원하는 색을 원하는 만큼 물들이기 바란다.

생태 공방 '소똥갤러리'

자연물을 이용한 생태 공예 체험, 작가 작품 판매

'소똥'이란 이름의 의미는 무엇일까? 입간판 사진을 찍으면서 든 생각이다. 공방 입구부터 진열된 작품들이 눈길을 끌었다. 갤러리 문을 열자 공예가 노아인 씨가 반갑게 맞아 주었다. 그녀는 실내에 마련된 작업실로 나를 안내했다. 그러더니 방석을 내주었다. 누구나 쉽게 찾아올 수 있는 곳이라는 느낌이 드는 순간이었다.

"내가 이곳에 들어온 것은 일 년쯤 전이다. 초창기 입주 작가 모집 공고를 놓쳐서 뒤늦게 합류하게 되었다. 늦었지만 이곳에 들어올 수 있어서 기쁘다. 도시재생을 꿈꾸는 감천문화마을과 생태공예는 비슷한 점이 많아 동지를 만난 느낌이다."

생태 공예란 '순환'을 전제로 하는 것.
자연에 넘쳐나는 재료들을 이용하는 생태 공예는
비(非)자연적인 것을 거부하는 세계관

그녀는 손수 만든 차를 권하며 입주 배경을 설명해 주었다. 수제 둥글레 차는 유난히 향긋하고 구수했다. 그녀는 차를 따르면서 전시된 마을 작가가 되지 않으려고 노력한다고 했다. 형식적으로 공간만을 차지하고 있는 무의미한 작가가 되지 않겠다는 뜻일 것이다. 그리고 그녀의 말에서 입주 작가가 느끼는 나름의 한계가 있음을 알 수 있었다.

그녀는 입주 작가로 선정될 당시 엄청난 양의 서류에 서명을 했다. 솔직히 그녀는 서류의 양만큼 가슴에 열정이 가득했다. 이곳에서 무엇인가 위대한 일을 해 볼 수 있겠다는 생각이 들었기 때문이다. 그러나 지금은 열정이 좀 식었다고 했다. 열정이 식은 데는 여러 가지 이유가 있겠지 싶어 구체적으로 묻지는 않았다.

잠시 침묵이 흐르자 전시된 공예품 구경을 권했다. 생태 공방에 어울리는 향기를 즐기며 공예품 구경을 했다. 공방 이름에 특별한 의미가 있느냐고 묻자 노아인 씨는 '순환'을 상징하는 것이라고 답했다. 생태 공예란 '순환'을 전제로 하는 것이다. 자연에 넘쳐 나는 재료들을 이용해 작품을 만드는 생태 공예는 비자연적인 것을 거부하는 세계관이다. 자연이란 자연스럽게 생성, 성장, 소멸하는 과정이다. 이 과정에 위배되지 않는 창작 세계가 바로 '순환'이다.

"감천문화마을도 도시 마을 재생으로 탄생한 공간이고, 생태 공예도 순환으로 탄생한 예술이다. 그러니 감천문화마을과 생태 공예는 같은 개념이라 생각한다. 있는 그대로의 재생이 아니라 변화 속 지속이라는 의미가 내포된 재생이기 때문에 생태 공예가 감천문화마을에 있다는 것은 어쩌면 당연한 것 아니겠는가."

아이들이 스스로의 꿈보다
엄마나 아빠가 원하는 꿈을
적으려는 경향이 있어.
솔직한 꿈을 쓰게 하는 것이
나의 역할

그녀의 설명을 들으며 생태 공예야말로 가장 완벽한 예술의 형태가 아닐까 하는 생각이 들었다. 그리고 지속 가능한 재생으로서의 감천 문화마을과 생태 공예가 쌍둥이처럼 닮았다는 그녀의 생각에 동의하게 되었다. 낡은 것을 버리는 방식에서 낡은 것에 생명을 불어넣는 방식으로의 전환이 무엇보다도 시급한 이 시대에 이 둘의 만남은 참으로 다행스러운 일이라는 생각도 들었다. 배설물이 거름이 되고 다시 새로운 생명으로 자라나듯 노아인 씨의 공예품도 그렇게 자라고 있는 것 같았다.

"우리 공방에서 가장 인기가 좋은 것은 '부엉이 인형'이다. 부엉이를 만들고 부엉이 가방에 자신의 꿈을 적어 넣는 체험을 하게 되는데 이때 아이들만의 세계를 경험하게 된다. 부모들이 원하는 꿈과 아이의 꿈은 다르다. 그 다른 꿈을 솔직하게 적을 수 있도록 하는 것이 나의 역할이다. 아이들은 꿈을 적으라고 하면 부모 얼굴부터 본다. 우리 아이들이 주눅들어 있는 것 같아 마음이 아프다."

노아인 작가는 작업대 위에 놓여 있는 부엉이 인형 하나를 가져왔다. 솔방울과 나무판 그리고 갈대를 이용한 앙증맞은 가방이 특이해 보였다. 솔방울 두 개를 이어 붙이고 눈알을 단 부엉이 인형은 10센티미터 미만으로 작았다. 그런데 이 작은 인형이 가진 힘은 대단하다고 한다.

그 힘은 초등학생이 부모님과 함께 방문했을 때 나타난다. 아이와 함께 방문한 부모들은 대부분 아이 스스로 무엇인가를 해 보기를 바란다. 그런데 아이들은 부모가 있는 경우 자신의 진심을 꺼내지 않는다.

부엉이가 메고 있는 가방에 꿈을 적은 편지를 넣어 두면 꿈이 이루어진다는 설명을 하고 아이들에게 꿈 편지를 쓰게 하였을 때 대부분의 아이들이 엄마 얼굴을 먼저 본다는 것이다.

오늘날 우리나라의 교육 현실이 드러나는 부분이 아닌가 싶다. 그래서 그녀는 체험을 시작할 때 부모님께 마을 구경을 하고 돌아오도록 권한다. 그리고 아이에게 생각할 시간을 준다. 그러면 거짓말처럼 진짜 자신의 꿈을 편지에 적어 부엉이 가방에 넣는다.

커플들의 체험 분위기는 또 다르다. 커플들은 기념할 무엇인가를 스스로 만들고 싶어 한다. 그러면 노아인 씨는 무엇을 만들고 싶은지, 왜 그것을 만들고 싶은지부터 묻는다. 자신들이 원하는 소품을 선택하고 만들고 싶은 대상이 결정되면 만드는 방법을 가르쳐 준다. 노아인 씨는 생태 공예는 의외로 단순하다는 말도 덧붙였다. 원하는 재료들과 나무, 나뭇잎, 솔방울, 꽃송이 같은 것들을 가져다 글루건으로 붙여 완성한다.

노아인 씨는 이야기가 있는 모든 것은 살아 있다고 말하면서 이런 것이 스토리텔링의 힘이라고 설명했다. 스토리텔링의 힘은 추억을 생산하는 밑거름이기 때문에 이야기가 들어간 물건을 만들어 보게 한다고 했다.

감천문화마을 방문객이라면 누구든지 생태 공방에서 작품 만들기 체험에 참여할 수 있다. 대략 30분에서 1시간 정도 체험 활동을 하고 기념품을 만들어 갈 수 있다. 초등학생의 경우 제작된 부엉이 인형에 편지를 쓴 뒤 5,000원 정도 비용을 지불하면 되고, 그 이외에도 원하는 공예품의 난이도에 따라 체험비가 결정된다. 공예가 노아인 씨는 본인이 제공하는 기념품도 있지만 스스로 만드는 것의 의미를 생각해 본다면 좋겠다는 말을 덧붙였다.

전통 신발 제작 체험 '화혜장'

우리나라 전통 신발인 화혜는 목이 긴 신발인 화(靴)와 목이 짧은 신발인 혜(鞋)를 아울러 이르는 말이다. 감천문화마을에 있는 화혜장(靴鞋匠)은 우리나라 전통 신발을 만드는 곳이다. 감천문화마을에 화혜장과 같이 우리나라 전통 문화를 발굴하고 재현하는 곳이 있다는 사실도 놀랍지만, 말로 표현할 수 없을 정도로 신발이 아름답다는 사실도 놀라웠다.

화혜장의 대표 안해표 선생은 150년 동안 이어온 가업을 이어받아 이곳 감천문화마을에서 우리의 전통 신을 만들고 재현하는 일을 하고 있다. 안해표 선생이 이곳에서 살아온 시간만 41년이다. 그의 어머니 때부터 계산을 하면 55년이 넘는 세월 동안 감천마을에서 우리 전통 신을 만들어 온 것이다. 화혜장이야말로 감천문화마을 속의 전통문화라 할 수 있을 것 같다.

안해표 선생은 47년 동안 화혜를 만들고 있다. 그는 할아버지와 아버지의 뒤를 이어왔고, 이제 그의 아들이 가업을 이어가고 있는 중이다. 그러니까 4대에 걸쳐 우리 전통 신발을 만들고 있는 셈인데, 그 자부심 또한 대단했다.

안해표 선생은 부산광역시 무형문화재 제17호에 올라 있다. 무형문화재를 직접 만나는 것도 쉬운 일이 아닌데 신발에 대한 설명을 직접 듣는 영광까지 누리게 되어 감사한 마음으로 공방을 구경했다.

화혜장 문을 열고 들어가서 처음 만나게 되는 것은 안해표 선생의 작업대다. 작업대 위에는 알 수 없는 모양의 온갖 종이와 천 그리고 실과 바늘이 널브러져 있다. 천장이 높은 작업실로 햇살이 들어오자 벽면에 진열해 놓은 신발의 빛이 살아나는 느낌이다. 이름도 모르고, 의미도 모르는 신발의 코가 너무도 예뻐 저절로 손이 갔다.

"눈으로 잘 살펴보라. 우리 전통 신발이 이렇게 아름답다. 선이며 색을 통해 우리나라만의 멋을 보여 주는 것이니 더 아름다운 것 아니겠는가."

안해표 선생의 자부심이 느껴지는 말투에 나도 모르게 뻗었던 손을 접었다. 신발의 종류는 정말로 많았다. '태사혜'니 '화자'니 하는 어려운 말들 속에서 발견한 앙증맞은 아기 신발은 '초립동'이라는 이름으로 불린다. 그러고 보니 한복에 굴건을 쓰고 초립동을 신은 아기가 아장아장 걷는 모습을 텔레비전에 본 듯했다.

"주로 복원 사업을 하고 있다. 유적이 발굴되면 그것에서 나온 신발을 원형으로 복원하기도 하고, 중앙박물관에 전시하는 신발도 제작한다. 물론 종묘제례와 같은 행사에 사용할 신발을 만들기도 한다."

안해표 선생이 하는 일은 주로 복원과 재현이다. 시간을 건너뛰어 지금에 도달한 신발을 오늘날 원형 그대로 만들어 내는 일에 자부심이 크다. 한편으로 이렇게 소중한 우리의 문화에 대해 사람들이 무관심한 것 같아 서운함이 생기기도 했다.

화혜장이란 장화 형태의
신을 만드는 화장과
고무신 형태의 신을
만드는 혜장을 통칭한
말로, 우리 전통 신을
의미

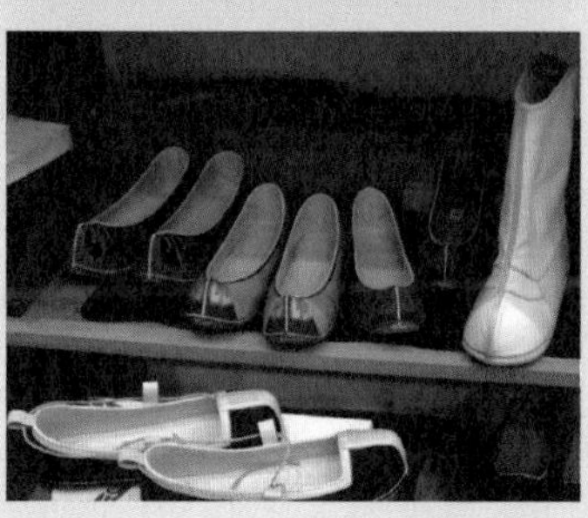

"공간이 협소해 전시 공간이 부족한 부분이 가장 큰 문제다. 체험장을 좀 제공해 줄 수 없는지 알아보았지만 쉽지 않다. 감천문화마을의 재생과 나의 작업 역시 비슷한 면이 많다고 생각한다. 그런데 여건이 녹록지 않으니 참으로 안타깝다."

이곳 역시 다른 공방들처럼 공간이 협소했다. 작업장과 전시실이 하나인데다, 2층 작업실은 비가 새는 바람에 공사 중이라 그마저도 사용이 힘들다. 그렇기 때문에 사람이 움직일 공간도 여의치 않아 여러모로 어려운 상황이다.

각종 재료들이 쌓여 있고, 귀한 신들이 전시되어 있는, 말 그대로 기품 있는 이 공간이 살아나지 못하는 게 아쉬웠다. 수많은 방문객이 찾는 감천문화마을 아니던가. 특히 외국인 방문객이 날로 늘어나고 있는 지금, 화혜장은 참으로 중요한 지점이 될 것이란 생각이 들었다.

감천문화마을에 우리 전통이 함께 숨 쉬고 있다는 사실을 알리는 것만큼 중요한 게 있을까? 외국인들의 눈에 비치는 우리 전통 신의 아름다움이 얼마나 대단할지 짐작이 간다. 그런데 이렇게 좋은 문화 컨텐츠를 풀어 놓지 못하는 환경이 안타까울 뿐이다.

진열대에 놓인 신을 찬찬히 살펴보며 안해표 선생의 설명을 들었다. 진열된 신은 좌우 구별이 없으며 지역적으로 독특한 특색을 담고 있다. 그리고 계급에 따라 모양과 색, 재질을 달리했다. 서민들이 주로 짚신을 신었다면 신분이 높은 사람은 삼베, 닥나무 껍질 등으로 만든 미투리를 신었다. 사대부들은 가죽, 고급무명, 포, 비단으로 만든 화려한 신을 신었다.

이렇게 다양한 형태의 전통 신 제작 과정은 생각만큼 복잡했다. 안해표 선생은 화혜를 제작할 때 전통방식을 그대로 따른다. 풀을 먹이고 손질한 무명과 비단을 사용하고, 밑창은 한지, 삼베, 모시, 인견을 사용한다. 특히 강원도에서 자라는 '신나무'를 삭혀 물을 내리고 직접 염색을 하여 고급스러운 검은 색을 재현한다. 기본 재료가 준비되면 '신골'이라는 틀을 이용해 치수를 조절하고 본을 떠서 밑창과 맞바느질로 한 땀 한 땀 완성한다. 특히 재미난 것은 미끄럼 방지를 위해 신발 밑창에 촘촘히 바느질을 한다는 사실이다.

색감의 단아함과 신 전체에 흐르는 선의 아름다움에 보이지 않는 배려까지 묻어나는 우리 전통 신을 보면서, 옛 선조들의 멋을 느낄 수 있었다. 꼭 하나 소장하고 싶다는 욕심이 생길 만큼 예쁘고 독특한 신발이 계속 눈에 들어왔다.

이곳 화혜장 역시 체험이 가능하다. 물론 한두 시간 이루어지는 단기 체험은 어렵다. 대신 한 달에서 두 달 정도 투자하면 자신만의 예쁜 전통 신을 가질 수 있다. 화혜장 전통 신 전수관에서는 일 년에 세 차례 체험 수강을 받는다. 기본 30명 정도의 수강생이 수업을 듣게 되는데 수업은 매주 토요일 2시간 동안 진행된다. 월 20,000원이면 누구나 참여 가능하다. 이 비용도 기본 재료에 속하며 별도의 수업료는 없다. 감천문화마을 화혜장 전수관에서 매주 진행되는 체험을 통해 비단신, 혹은 백후지신, 가죽신 등을 만들 수 있다 하니 참고해 보는 것도 좋을 것 같다.

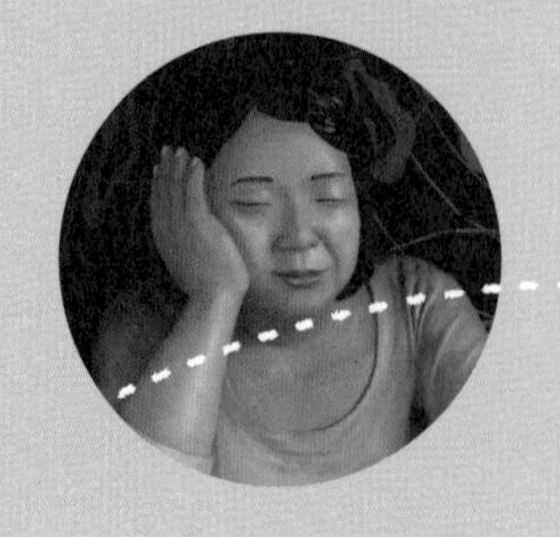

강천문화마을 단디 즐기기

뭐 볼까?

희망의 노래를 담은 풍선 - 안재국

노력의 상징인 땀과, 행복을 가져다주는 희망을 동그란 풍선으로 형상화했다. 감천문화마을은 매일 떠오르는 태양을 온몸으로 받을 수 있는 공간이다. 이곳에서 만나는 희망이란 아침마다 바다에서 떠오르는 태양처럼 아름답다. 손잡이를 잡으면 희망 한 자루가 쏟아질 것만 같다.

감천아리랑 - 전미경

감천문화마을의 작은 박물관 벽에 그려진 '감천아리랑'은 이곳의 지형과 특징을 살린 벽화다. 집과 집이 서로를 가리지 않는 것은 다른 산동네에서 쉽게 찾아보기 힘든 풍경이다. 집들 사이에 형성된 작은 골목길 역시 큰길과 이어져 있어 하나로 통한다. 그러니까 감천문화마을은 배려와 소통의 공간이라 할 수 있다. 그리고 배려와 소통이라는 특성을 형상화한 벽화 '감천아리랑'은 감천문화마을 초입에 위치해 있어 동네를 안내해 주는 안내서 같은 느낌을 준다.

땀과 노력의 결과로
이루어지는 희망을
풍선 모양으로
표현하였다.

감천문화마을의 지형과 특징,
역사가 고스란히 묻어나는 마을
풍경 이미지를 재구성했다.

이야기가 있는 집 - 박은생 · 박경석

조형물은 그리 크지 않다. 키가 좀 큰 어른만 하다. 그런데 이 작은 조형물이 감천문화마을의 집들을 형상화한 것이란다. 밀집되어 있지만 질서정연한 감천의 집들을 표현한 것이다. 계단이 있고 창문이 열린 이 집에도 사람이 살고 있을 것만 같다. 마을 입구 정자 뒤에 설치되어 있어, 가끔은 새들이 비를 피할 것 같은 느낌이 들기도 한다. 동네 어르신들의 쉼터가 되어 주는 정자와도 잘 어울린다.

달콤한 민들레의 속사임 - 신무경

구멍 뚫린 민들레 홀씨는 마을의 상징이 되었다. 이곳 사람들은 어디서든 뿌리를 내리는 민들레를 닮았다. 그래서인지 민들레는 감천문화마을과 가장 잘 어울리는 꽃이다. 좁은 골목길 모퉁이에서 감천문화마을을 내려다보고 있는 키 큰 민들레는 이곳을 둘러보는 사람들을 향해 홀씨를 흩뿌릴 것만 같다. 감천문화마을에만 있는 배려와 여유라는 홀씨 말이다. 가로등 불이 켜지면 주황색으로 빛나는 민들레를 만날 수도 있다.

질서정연하게
밀집되어 있으면서
다양한 색상을 펼치는
주거형태를 상승하는
집들의 모양으로
형상화하였다.

민들레 홀씨가 바람에 날려
다른 곳에서 꽃을 피우듯
주민들의 희망 메시지가
마을 안에서 혹은 마을을
떠나서라도 꼭 이루어지기를
바라는 마음을 담았다.

사람 그리고 새 - 전영진

사람이 된 새인지, 새가 된 사람인지 정확하지는 않지만 하늘을 날 수 있는 것만은 의심의 여지가 없는 것 같다. 날개를 접고 오종종 모여 있는 모습이 마치 전선에 나란히 앉은 새들처럼 정겹다. 이 작품이 감천문화마을의 일부가 된 지 오래지만 여전히 사람들의 이목을 끄는 이유는 새들이 품고 있는 자유로움 때문일지도 모르겠다. 그런데 이 녀석들은 자유로움뿐만 아니라 호기심도 있나 보다. 고개를 갸우뚱 숙인 채 목을 길게 뽑고 있는 것을 보니.

마주보다 - 나인주

그러니까 감천문화마을 입구에 또 하나의 마을이 있는 셈이다. 그림의 색다른 구도가 신선하다. 건물 측면이 거울처럼 마을을 비추고 있어 심도 깊은 영화 속 장면처럼 자꾸만 바라보게 된다. '마주보다'는 감천문화마을 초입에서 만나게 되는 가장 큰 그림이다. 그림 속 하늘과 실제 하늘이 닮아 있어 구름도 마주보고 있는 듯 착각하게 된다. 그림 속 건물이 맞은편에 있는 초록색 지붕과도 친구처럼 어울려 어색하지 않다.

누구나 하늘을 날고 싶다는 상상을 해 보았을 것이다. 가끔 모든 걸 뒤로하고 하늘을 새처럼 날아 보고 싶다.

측면의 큰 벽화는 건물 앞쪽 골목의 풍경을 거울처럼 반사된 형태로 나타내었다.

포도가 있는 풍경 - 하영주

사실적인 포도나무 넝쿨 때문인지 울퉁불퉁하고 낡은 건물이 아름답다. 만약 저 포도나무와 나무 창문이 없었다면 조금은 밋밋한 건물에 지나지 않았을 것이다. 오래되고 낡은 건물에 덧입힌 구조물이 살아 있는 생물 못지않은 힘을 발휘하는 것 같다. '포도가 있는 풍경'을 통해 새삼 느끼게 된다. 생활과 삶 속에 녹아 있는 문화의 힘을.

골목을 누비는 물고기 - 진영섭

제작자의 의도가 충분히 느껴지는 거대 물고기다. 감천문화마을의 상징이라고 해도 과언이 아닌 이 물고기는 여러 개의 나무 물고기가 모여 큰 물고기가 된다. 발상의 전환이란 이런 것이 아닐까. 작은 것들이 모여 큰 것을 이룬다는 진리마저 느낄 수 있는 이 조형물을 배경으로 사진 찍기란 그리 쉽지 않다. 길이가 길어 한 화면에 담기 힘든 것도 있지만, 너무도 많은 사람들이 이곳에서 사진을 찍고 싶어 해 나름의 경쟁을(?) 치러야 하기 때문이다.

포도 열매가 한가득 열린
덩굴의 형상으로 풍요로운
마을의 활력 있는 모습을
연상토록 구성하였다.

주민들의 소통의 통로인 골목길을 표현한
것으로 물고기들의 자유로운 움직임은
생기 넘치는 생활공간을 만든다.

나무 - 김상호

층계참에 붙어 있는 동그란 원들이 나무일 거라 짐작할 수 있는 것은 나이테를 본뜬 생김새 때문이다. 한자리에서 묵묵히 살아가는 나무처럼 이곳 감천문화마을에도 묵묵히 자신의 삶을 살아온 사람들이 있다. 그들을 닮은 나이테가 정겹다. '감내카페' 벽과 계단, '하늘마루'로 가는 길목에 옹기종기 모여 있는 구조물에 자꾸만 눈이 간다. 어떤 색이 모여 있는지, 어떤 크기로 형상화한 것인지 눈여겨 보게 되는 것은 왜일까? 아마도 소박한 크기와 다양한 색깔이 만들어 내는 독특함 때문일 것이다. '나무'라는 작품이 감천문화마을의 속살을 닮았다는 생각은 나만의 착각일까.

사진 갤러리 - 김홍희

집 형태를 그대로 유지한 채 벽면에 사진을 걸어 전시해 두었다. 번듯한 여느 갤러리처럼 화려하게 치장해 놓지는 않았다. 그 때문인지 선뜻 발길이 다다른다. 흑백 사진에 담긴 감천문화마을의 일상을 둘러보면서 마음이 편해지는 것은 나와 닮은 시간이 담겨 있기 때문일 것이다. 사람이 살고 있는 공간을 사람이 살던 집에 전시해 둔 것 역시 이 공간이 정답게 느껴지는 이유일지 모른다. 그리 크지 않다. 7~8평 남짓한 공간이다. 그리 넓지 않기에 무심히 훑어볼 수도 있다. 뭔지 잘 모른다고 해도 흠이 될 것 없는 갤러리라 구경을 끝내고 마음 편히 돌아 나올 수 있다.

여러 사연을 안고 다양한 표정으로
살아가는 마을의 구성원들을
여러 가지 색깔과 크기를 가진
동심원들로 구성하였다.

감천동은 전국적으로 수많은
사진가들이 찾아 드는 곳이다. 주민과
방문객의 사진 작품들을 전시하기도
하는 공간이다.

달콤한 휴식(감내카페) - 전영진

감내카페 지붕에 앉아 있는 새들이 우편배달부인지 몰랐다. 새 모양을 형상화하여 즐겁고 행복한 휴식처를 의미하나 보다 생각했다. 그런데 자세히 보니 처마 끝에 앉은 새들은 모자도 쓰고 가방도 둘러멨다. 목에는 앙증맞은 스카프를 두른 채 말이다. 바람이 불면 스카프가 날리고 새들이 발랄한 노래를 부를 것 같다.

파스텔 색의 옷을 입은 새들이 감천 앞바다를 향해 앉아 있는 것은 어쩌면 희망이 담긴 소식을 전해 주기 위해서는 아닐까. 바다 건너 멀리서 전해 오는 희망을 작은 입으로 물어다가 감천문화마을 사람들에게 전해 줄 것만 같다. 흥부전에 박씨를 물고 온 제비가 있었다면 감천문화마을에는 희망을 물고 온 참새가 있다.

어둠의 집(별자리) - 손몽주

검은 장막이 드리워진 집 안으로 들어가 잠시 눈을 감았다. 밝은 세계에서 어두운 세계로 들어가는 순간 눈이 놀라서다. 이 순간은 동공의 수정체가 닫히는 반응 때문에 잠시 앞이 보이지 않게 되는 현상이라는 상식은 알고 있다. 하지만 이런 과학적인 근거로는 이해할 수 없는 놀라움이 '어둠의 집'에는 있다.

놀라움의 이유는 좁은 벽을 휘감아 놓은 검은 비닐과 천정에 매달린 백열전구의 알 수 없는 조합이 끝 모를 어둠의 깊이를 만들기 때문이다. 물론 사람이 살고 있지 않는 빈집이다. 작가는 이곳에 어둠

즐거운 소식을 물고 온 참새들을 보면
절로 얼굴에 미소가 번진다.

어둠의 공간에서 조명 빛은
어둠과 대립되지만 공존하는
요소이다. 어둠과 공존하는 빛은
밤하늘의 별자리와 같다.

과 빛을 동시에 넣어 두었다. 이곳에서는 완벽하게 다른 두 가지가 완벽하게 하나가 되는 것을 경험할 수 있다.

하늘마루 - 박태홍

가장 높은 꼭대기란 뜻에 걸맞게 감천문화마을 꼭대기에 위치한 '하늘마루'는 동네 사랑방을 닮았다. 방문객의 발길과 동네 주민의 발길, 거기다 해설사들의 발길이 쉬지 않고 드나드는 공간이기 때문이다. 동네 사랑방처럼 편안한 분위기라 부담이 없다. 그래서인지 이곳을 찾은 방문객들의 모습도 쉽게 찾아볼 수 있다. 감천문화마을에 대해 궁금한 것이 있다면 자유롭게 물어보고, 가파른 언덕길을 오르느라 목이 말랐다면 시원한 물 한 잔 얻어 마시기도 수월하다.

어린왕자와 사막여우 - 나인주

어린왕자와 사막여우가 바라보고 있는 곳은 감천문화마을과 그 너머에 펼쳐져 있는 바다다. 지구 여행자인 어린왕자가 이곳을 찾은 이유가 무엇인지 궁금해 물어보고 싶지만 쉽게 답을 들을 수 없을 것 같다. 상념에 젖은 얼굴이 사뭇 진지해 보여 쉬 말을 걸기 어렵기 때문이다. 왕자와 나란히 앉은 사막여우 역시 침묵한 채 마을을 조망하고 있다.

휴일이면 사진을 찍기 위해 줄을 선 사람들을 보게 되는 곳. 꽤 긴

마을 안내와 자료들을 전시하는
전시관이자 전망대 기능을 하며
집의 원형을 그대로 보존·재생하여
설계되었다.

별을 떠나 지구로 온 어린왕자와 사막여우는
감천문화마을에 도착하여 여행 중 난간에 앉아
마을을 내려다본다.

시간을 기다려야 함에도 불구하고 모두들 즐겁게 견디는 것은 이곳이 감천문화마을을 가장 완벽하게 조망할 수 있는 공간이기 때문일 것이다. '어린왕자와 사막여우'는 감천문화마을 포토존 중 단연 으뜸이다.

흔적(북카페) - 박경석

밖에서 보면 손잡이가 달린 컵 모양의 건물이다. 그래서 더 궁금했다. 문을 열고 들어가 보니 북카페다. 감천문화마을답게 어김없이 큰 창이 있다. 창을 통해 밖을 보니 그야말로 최고의 경치다. 부드럽게 굽어지는 마을의 전경이 한눈에 들어온다. 이곳은 누구나 잠시 쉬어 가도 좋은 곳이다. 책을 읽으며 휴식을 취할 수도 있고 엎드려 낮잠을 청해도 좋을 것 같다. 그리 많은 책이 비치되어 있는 것은 아니지만 북카페로서의 모습은 갖추고 있다. 공간이 좀 좁다는 것이 흠이긴 하지만 창을 통해 보이는 전망만으로도 만족스럽다.

향수 - 박은생

설치 작품 '향수'는 강물 같다. 글자들이 줄지어 헤엄치는 강물 말이다. 고향을 그리워하는 정지용의 시 「향수」처럼 감천문화마을을 그리워하는 사람들이 쉬지 않고 카메라 셔터를 누른다. 날씨에 따라 '향수'에 담기는 빛이 달라진다. 어둡고 힘든 기억도 시간이 흘러 윤색되듯 감천문화마을의 기억도 추억이 될 수 있음을 말해 주는 '향

건물의 모양을 빨간 손잡이의 하얀 컵으로 형상화하였다. 책 속에는 수많은 사람들의 이야기가 살아 숨 쉬고 있다.

정지용의 시 「향수」를 시각화하였다. 형태의 변화는 흘러간 세월과 현재와 그리고 다가올 시간을 보여 준다.

수'. 글자가 모여 강물이 되었듯, 감천문화마을의 삶이 모여 소중한 문화가 되었다.

우리 동네 감천 - 진영섭

옹벽에 매달려 있는 집들은 감천문화마을의 집과 닮았다. '우리 동네 감천'은 이 마을의 별명인 '기차마을'이란 이름에 어울리는 작품이다. 옛날엔 집들이 기차처럼 이어진 것을 보고 싶다면 감천으로 가라고 했단다. 그 말처럼 열 지어 옹벽에 붙어 있는 집들이 기차처럼 즐겁다.

옹벽에 매달려 있는 모습 역시 감천문화마을의 집들과 닮아 있다. 이 작품의 집들을 보면 수십 년 전 가파른 언덕에 집을 짓고 길을 내던 그 시절 감천의 모습이 보인다. 더불어 구획을 나누고 집을 짓고 어울려 살아온 감천문화마을 사람들처럼 정겨움이 느껴진다. 옹벽 꼭대기에 집을 매달아 놓아서일까? 저희끼리 멀리 바라다보이는 좋은 풍경을 보고 있는 것은 아닌가 하여 자꾸만 올려다보게 된다.

평화의 집(그릇의 방/달의 방) - 정희욱

빈집 프로젝트로 만들어진 '평화의 집'은 낮은 천장과 좁은 문이 인상적이다. 사람이 살기엔 좀 좁은 공간이다. 그러나 정감이 있다. 누군가 살았던 공간을 다시 깨웠기 때문이기도 할 것이다. 평화란 다

비슷하게 보이지만 각각 다른
집들의 모습은 다양성과 통일성을
동시에 담고 있다.

감천동은 한국 전쟁으로 인해 조성된
마을이다. 그렇기에 민족의 평화와
인류 공영의 바람의 뜻을 모으고자
하였다.

른 생각을 존중해 주는 것이라는 정의가 새삼스럽게 와 닿는다. 다름을 인정했기에 다시 태어난 빈집처럼 우리도 다름을 인정해 평화를 찾았으면 좋겠다. 좁은 창으로 스며드는 빛이 평화를 기원하는 소박한 기도처럼 느껴진다. 외따로 떨어진 평화의 집에 많은 사람들이 들렀으면 좋겠다.

무지개가 피어나는 마을 - 문병탁

부드러운 선이 해를 받아 반짝인다. 바라보는 각도에 따라 반짝이는 정도가 다르다. 그래서인지 볼 때마다 새롭다. 차가운 금속성을 느끼지 못할 정도로 예쁘게 굽은 무지개는 하늘을 향해 춤을 춘다. 감천문화마을을 크게 휘감아 도는 곡각지에 위치한 조형물은 마을의 꼭지점이 되어 이정표 역할을 한다. 무지개가 하늘로 올라가듯 역동적인 모습을 보면서 가파른 길의 마지막 지점에서 잠시 숨을 고른다.

현대인 - 신무경

유일하게 스스로 움직이는 설치 미술이다. 입구에 있는 센서가 관람객의 동작을 감지하면 움직이기 시작한다. 아크릴 손가락들이 타닥거리며 돌아가는 모습은 신기하면서도 생경하다. 정말 우리 현대인들은 저렇게 무생물처럼 살아가나 하는 의문이 들기도 한다. 바쁘고, 차가운 저 손이 관람객에게 전해 주는 위로는 무엇일까?

자라나는 무지개의 이미지로
아름다운 꿈이 현실화되는 것을
형상화하고자 하였다.

바쁜 현대인들이 반복되는 일만 하는
모습을 손 형상이 분주하게 컴퓨터
자판을 두드리는 모습으로 표현하였다.

'적어도 감천문화마을 곳곳을 들여다보고 있는 그대는 인간적이다.'라고 말해주는 것 같다.

바람의 집 - 박태홍

바람을 눈으로 볼 수 있다. 거기다 그 바람을 보는 자신도 볼 수 있다. 연두색 와이어가 주는 느낌은 신선하다. 사시사철 봄바람이 일렁일 것 같다. 바람의 각도는 보는 이에 따라 다르게 보인다. 거울 속에도 바람이 있고, 바람을 보는 내가 있고 나를 보는 내가 있다.

닫힌 공간에 부는 바람이야말로 발상의 전환이다. 문 밖에 부는 바람 한 자락을 잡아다가 문 안에 넣어 두었더니 예술이 된다는 사실을 처음 안 사람은 누구였을까? 상상의 공간, 실천의 시간이 놓여 있는 감천문화마을에 답이 있다.

희망의 나무 - 최장락

담벼락이 화폭이 된 지 오래다. 감천문화마을뿐 아니라 다른 곳에도 담벼락은 좋은 캔버스가 되었다. 어른 키만 한 담벼락에 그려진 나무는 생각보다 작다. '희망의 나무'를 찾아 골목을 헤맨 끝에 마주한 순간은 좀 실망스러웠다. 무척 화려하고 거대할 것이란 기대와는 너무도 거리가 멀었기 때문이다. 그런데 찬찬히 살펴보니 이곳에 어울리는 나무구나 싶었다. 지붕이 만든 그늘 아래 의자가 놓여 있어

와이어는 바람결을 표현한 것이며, 각도가 다른 거울에 비치는 자신의 모습을 통해 자아를 되돌아보게 한다.

작품을 찾기 위한 동선을 화살표로 표시하여 골목길을 연결시켰다. 화살표는 방향성과 미래의 비전을 상징한다.

잠시 쉴 수 있도록 배려한 마음이 느껴졌기 때문이다.

전봇대에 얼굴을 묻고 '무궁화 꽃이 피었습니다'를 외칠 것 같은 아이는 친구들을 찾아 나서기 전에 '희망의 나무' 앞에 앉아 하늘을 올려다볼 것 같다. 왜냐고? 의자에 앉아 하늘을 보면 기분이 좋아지니까.

영원 - 김정주

'영원'은 버려진 나무에 단추 등속을 붙여 만든 액자다. 자세히 보면 부러진 경첩도 있고, 무엇에 쓰인 부속인지 모를 금속 부품도 있다. 나사못이 떡하니 붙어 있는 나무판도 있고, 병뚜껑을 정성껏 붙여 놓은 것도 있다. 나무판 하나하나를 보고 있으면 버려지는 것들을 액자로 만들어 영원히 간직하고자 한 작가의 생각이 전해져 온다.

그냥 액자 그대로만 있었더라면 선반에 놓여 있는 부모님 결혼사진처럼 귀하기만 했을 텐데, 저렇게 오가는 이의 낙서가 있으니 때 묻은 손으로 꺼내 보아도 좋을 어린 날 추억이 담긴 사진 같아 정감이 간다.

감천 낙서 갤러리 - 우징

이곳 갤러리는 병풍처럼 접히는 낙서장이다. 갤러리란 전시를 목적으로 하는 공간이다. 그러니까 이곳은 사람들의 낙서를 전시하는 공간이라는 말인데 그 발상이 재미있다. 어디서 누군가가 다녀간다는 이야기부터 영원한 사랑의 바람까지, 참 많은 이야기들이 전시되

감사하고 안타까운 마음으로
버려진 물건들을 표현하고 있다.
우리의 부모님과 세상의 모든
것들이 영원하기를 바란다.

마을에 있는 기존 사진갤러리 외 빈집을
활용하여 문화적 소통을 위한 관람자
참여형 갤러리를 제작하였다.

어 있다. 가끔 보이는 알 수 없는 암호가 웃음을 머금게 한다. 자기들끼리 나눈 대화마저도 문화가 된 듯해 소중하게 느껴진다.

이야기를 전시한다는 것은 삶을 전시한다는 것의 다른 말일 터. 금기를 깬 발상이 주는 의미가 각별하다. 부정의 상징이었던 낙서가 독립적인 이야기로 전시되는 이 공간에선 누구나 예술가가 된다. 자신의 이야기를 비밀처럼 풀어 넣을 수도 있고, 어린 아이처럼 장난스러운 꿈을 풀어 넣을 수도 있다.

빛의 집(집에서) - 노련주

처음엔 달마시안 인형을 전시해 놓은 것인 줄 알았다. 유리벽 안 공간을 가득 채운 물체를 자세히 보다 문득 스스로의 느낌에 의문이 들었다. 개와 고양이 어디쯤에서 더듬거리다 자세히 보니 유리벽 안에 들어 있는 물체는 그냥 솜 뭉치를 뭉쳐 놓은 것이다. '빛의 집'인데 왠 솜 뭉치일까 생각하다가 아, 하고 탄성을 질렀다.

빛과 그림자를 동시에 품은 빛 덩어리들. 그래, 저것은 빛 덩어리들이었던 것이다. 유리문 안에 담긴 빛 덩어리들은 머리에 작은 신호를 달고 있다. 지구를 벗어나 우주를 향해 뻗어갈지도 모르는 빛의 신호들이 분홍색 방 안에 가득하다.

작은 창으로 보이는 감천문화마을의 빛 역시 이곳의 빛과 하나가 된다. 빈집을 활용한 예술 공간이 얼마나 다양한 의미를 담게 되는지 다시 한 번 확인하는 순간이었다. 빛 덩어리들은 손으로 만지면 뽀송한 소리를 낼 것 같다.

공간을 삶과 빛으로 나타냈다. 안방은 사람이 태어난 곳, 거실은 사람이 오가는 곳, 다락방은 꿈을 얻는 곳이다.

감천과 하나 되기 - 문병탁

작품의 설명을 읽으면서 감천문화마을은 흡수되는 곳이구나 하는 생각이 들었다. 누구든 이곳에 오면 마을과 하나가 될 수밖에 없겠다는 것은 나만의 생각일까? 지나가는 강아지도, 마을을 내려다보는 방문객도 모두 하나가 되게 하는 곳. 이곳의 매력은 단연 마을을 한 번에 조망할 수 있다는 것이다. 그리고 이곳에서 감천문화마을과 하나가 된 자신을 사진으로 담을 수 있다.

마을을 온전하게 찍는 것은 생각보다 쉽다. 특별히 신경 쓸 무엇인가가 없기 때문이다. 그저 원하는 각도에 서서 셔터를 누르면 감천문화마을과 하나가 된 자신의 모습을 볼 수 있을 것이다. 저 형상들이 문화란 사람과 하나가 되어야 한다고 말하는 것 같지 않은가?

Good-Morning - 백성근

하늘을 향한 날개가 파닥거리며 인사를 한다. 조형물은 산책 나온 사람들 모두에게 손을 흔들며 인사를 건넨다. '좋은 아침'이라고 외치듯 파르르 떨리는 날개는 혼자 서 있지만 외로워 보이지 않는다. 이웃한 '감천과 하나 되기' 조형물의 사람들과 강아지가 날개의 인사에 답해 줄 것이기 때문이다.

감천문화마을은 바람이 많은 동네다. 바다에서 불어와 옥녀봉을 지나고 천마산 자락으로 넘어가는 바람은 마을을 한 바퀴 휘감아 돈다. 그 순간 살아 움직이는 것이 바로 저 날개가 아닐까? 날개가 손

관람객들이 어느 위치에 도달할 때
조각은 마을의 풍경과 일치하게 되고,
비로소 감천과 하나가 된다.

바람에 의해 움직이는 날개는 일상적
공간에 색다른 움직임의 이미지로
활력과 즐거움을 준다.

을 흔드는 순간은 언제나 'Good- Morning'이다.

꿈꾸는 물고기 - 박경석

버스 정류장에 올라앉은 물고기는 멀리 천마산을 향해 있다. 왜냐하면 천마산 너머 푸른 바다가 있기 때문이다. 저 산 넘어 출렁이는 바다를 건너면 고향으로 갈 수 있겠지. 꼬리를 흔들며 바다로 달려갈 듯 출렁이는 물고기는 아직 버스 정류장 위에 매달려 있다. 버스를 타고 어딘가로 떠나가는 사람들을 바라보면서…….

비바람에 얼룩이 지고 빛이 옅어졌지만 그래도 꿈을 버리지 않은 물고기가 힘차게 하늘을 헤엄칠 수 있기를 기대해 본다.

꿈틀거리는 마을 - 진영섭

언뜻 보면 집이 아닌 것 같다. 그런데 다시 보면 집이다. 그리고 조형물 뒤에 서 있는 옹벽과 옹벽 끝에 매달려 있는 집들과도 잘 어울린다. 언덕을 에둘러 자리하고 있는 감천문화마을의 집들처럼 조형물로 옹벽을 에둘러 싸고 있다. 집이 자유롭게 움직일 수 있다면 무슨 일이 벌어질까? 날씨에 따라, 혹은 기분에 따라 춤추는 집들을 만날 수도 있지 않을까. 키 큰 집들이 맞은편 키 작은 집을 바라보며 출렁거린다. 화단과 하나가 된 아니 새로운 옹벽이 된 집들의 출렁거림은 마치 춤을 추는 듯 즐겁다.

하늘을 날지 못하는 물고기는
하늘을 그리워한다. 정류장을
맴도는 물고기는 무엇을 그리워하는
것일까?

집이 빼곡히 모여 있는 감천문화마을의
풍경을 마치 살아 있는 생명체의
모습으로 생동감 있게 표현하였다.

가을 여행 - 안승학

꼬리가 빨간 고추잠자리가 옹벽을 따라 자유롭게 날고 있다. 감정초등학교 담벼락에는 사시사철 가을이 춤춘다. 금속성 몸피와 날개가 차갑게 느껴지지 않는 것은 일상 속에서 만나게 되는 즐거움 때문일 것이다.

저희끼리 비행 연습을 하듯 마음껏 유영하는 잠자리들이 담벼락에 꿈을 수놓고 있다. 이 길을 지나가는 아이들에게 꿈을 물어다 줄 그날을 기다리면서. 가을을 만나고 싶다면 감천문화마을로 가야 한다. 그곳엔 영원히 녹슬지 않는 고추잠자리가 있다.

내 마음을 풍선에 담아 - 박은생

학생들의 꿈을 하나하나 그려 넣은 풍선이 감정초등학교 담벼락을 감싸고 있다. 알록달록한 풍선마다 꿈을 새긴 우리의 아이들은 어느 날, 자신의 꿈이 마을의 일부가 되는 소중한 경험을 기억할 것이다. 앙증맞은 그림과 삐뚤거리는 글씨가 감천문화마을을 내려다보고 있다. 호기심 가득한 아이처럼.

벽면 위에 가을의 이미지를
형상화하여 보행자와 운전자들에게
잠시나마 가을로의 여행을 느끼게
하고자 하였다.

아이들의 꿈과 소망
등을 풍선에 적어 소원을
이루고자 하는 마음을
담았다.

우리가 가꾸는 꽃길 - 하영주

차도를 따라 형성된 옹벽에 심어 놓은 세라믹 꽃은 날씨에 따라 그 빛이 달라진다. 햇살이 빛나는 날에는 화사하게 피어나고, 촉촉하게 비 내리는 날에는 꽃잎을 선명하게 드러내며 반짝거린다. 세라믹 꽃은 도로 위에서 만나는 행복이다. 방글거리며 웃고 있는 꽃들에게 인사를 건네고 싶다. 예쁘다고.

하늘 계단 - 박인진

주황색 고추잠자리가 매달려 있는 옹벽 위에 사람이 살고 있다. 연두색 뭉게구름과 날개를 파닥이는 잠자리를 발아래 두고 살아가는 사람들의 마음에는 어떤 꽃이 필까? 하늘과 만나고 싶은 마을의 집들에게 다가가는 길은 '하늘 계단'을 디디는 것뿐이다.

문화마당 - 진영섭 · 박경석

마을의 끝자락에 위치한 복지관은 자유롭게 사람을 만나는 소통의 공간이다. 이처럼 배려와 소통이 머무는 공간 외벽에 물고기들이 춤추고 있다. 입을 크게 벌리고 지느러미와 꼬리를 흔들며 복지관 입구로 몰려가는 물고기들을 하나하나 살펴보면 자꾸만 웃음이 난다. 활짝 웃는 물고기가 웃음을 퍼 나르기라도 하는 것처럼.

다양한 색채의 꽃 세라믹으로 일상적인 옹벽 면과 주변 공간에 활력을 불어넣고자 하였다.

따뜻한 자연을 노래하면서 마치 하늘 위에 집들을 올려놓은 듯한 분위기를 연출하고자 하였다.

주민의 쉼터인 동시에 방문객과의 소통을 위한 곳이다. 사하구청종합복지관 어르신들과 함께 제작하였다.

뭐 할까?

감내 어울터

감내 어울터 2층에 위치한 목욕탕 입구에는 이모 한 분이 졸고 있다. 사람이 들어가면 금방이라도 입맛을 다시며 "4천 원이요." 할 것 같다. 통통한 팔뚝과 치마 사이로 삐져나온 살 때문인지 졸고 있는 이모의 모습은 생동감이 있다. 영업허가증까지 붙어 있는 안내실을 보면서 재연이 주는 감동과 즐거움이란 이런 것이구나 싶었다.

감내 어울터를 보며 느끼게 되는 것은 사실감을 떠나 "그래, 이런 모습도 있었지" 하는 마음이 큰 것 같다. 시간이 흐르는 동안 세상은 변해도 기억 속에 남겨진 추억들은 사라지지 않는다. 감천문화마을에서 만나게 되는 작은 기억의 조각이 너무도 소중해 목욕탕 입구에서 쉽게 발을 뗄 수 없다.

내 나름대로 목욕탕 이름을 지으라면 '문화 목욕탕'이라고 하고 싶다. 매주 월요일은 쉬겠다는 각오를 써 붙여 두었지만, 문화 목욕탕은 쉬는 날이 없다. 편하게 찾아가 졸고 있는 이모와 사진을 찍고 탕 안으로 들어가면 된다.

지금은 전시실로 사용하고 있는 탕 내부는 더 놀랍다. 반백의 할아버지가 벗은 몸으로 탕 안에 앉아 있기 때문이다. 할아버지의 웃음이 너무도 순박해 등이라도 밀어 주고 싶어진다. 할아버지는 따뜻한 탕에 몸을 담그며 '아이고, 시원하다!'는 감탄사를 연발할 것 같다.

할아버지를 보고 있자니 어린 날 따뜻한 물에 몸을 담그며 '시원하다'는 엄마의 말에 속았던 그날의 기억이 떠오른다.

감천문화마을엔 일용직 노동자가 많았다고. 먼지 속에서 하루하루를 살아 낸 사람들이 일주일에 한 번 피로를 풀 수 있었던 목욕탕.

삶이 유난히 팍팍했던 감천문화마을. 이곳 사람들은 주로 일용직 노동자로 일하거나 날품팔이로 생활을 이어갔다. 1970년대에 감천문화마을로 이주해 왔다는 최씨 할아버지는 구두닦이였다. 먹고살기 힘든 시절 구두라도 닦아 입에 풀칠을 했다는 할아버지는 자갈치 시장과 충무동 새벽시장에 버려진 새끼줄을 모아다가 불을 때 난방을 했다. 지난 시간을 모르는 세대들에게 상상이 안 될 일들이지만 이곳에 터를 잡고 살아 온 어르신들 대부분이 그때를 이야기한다.

낙후된 동네일수록 목욕탕이 많았다는 것은 시사하는 바가 크다. 수도 시설과 난방 시설이 갖추어지지 않는 무허가 건물에서 몸을 씻고 피로를 풀기란 힘든 일이었을 것이다. 먼지 속에서 하루하루를 살아 낸 사람들이 일주일에 한 번 피로를 풀 수 있었던 목욕탕이야말로 옛날 이곳 사람들의 안락한 휴식처였을 것이다.

목욕탕에서 흘러나오는 물은 따뜻했기 때문에 늦가을부터 이른 봄까지 인기 있는 빨래터였다.

오랫동안 사용하지 않고 있던 대중목욕탕을 문화가 흐르는 문화휴식공간으로 재생하였다. 옛 목욕탕의 흔적을 남기도록 최소한의 마무리로 재생시켜 도자 체험공방, 갤러리와 카페, 강좌실, 방문객 쉼터로 사용하고 있다. 다양한 문화체험과 교류로 마을 주민들과 방문객들이 문화소통의 장이 되며, 휴식공간이 되고 있다.

지금이라도 물을 틀면 뜨거운 물이 김을 뿜으며 쏟아질 것 같은 수도꼭지가 능청스럽게 매달려 있다. 물이 귀해 멀리 이웃 마을까지 빨래를 하러 갔다는 손 할머니는 보수동 흑교 인근까지 빨래를 하러 갔다며 그때를 회상했다.

"목욕탕에서 버리는 물로 빨래를 했다."

할머니의 이야기를 들으며 믿을 수 없다고 했더니 그런 시절을 지금 사람들이 어찌 알겠냐며 회한에 젖는다. 목욕탕에서 흘러나오는 물은 따뜻했기 때문에 늦가을부터 이른 봄까지 인기 있는 빨래터였다. 맨손에 빨랫비누를 치대고 겹겹이 앉은 때를 문지르는 동안 목욕탕에서 흘러나온 따뜻한 물이 언 몸을 녹여 주었다.

목욕탕 입구에 있는 커피숍은 여행자들이 쉬어 가기에 안성맞춤이다. 어린왕자와 여우가 밤 경치를 구경하는 사진을 통해 감천문화마을은 밤을 느끼기에도 좋은 곳이라는 것을 알 수 있었다. 멀리 창 너머로 보이는 것은 옥녀봉과 마을의 끝자락 풍경이다. 마을이 한눈에 내려다보이는 감내 전망대는 감천문화마을 기념사진을 찍는 최적의 장소다.

마을기업 '아트숍'

문화마을은 주민 일자리 사업단을 꾸려 전문가들의 지도 아래 도자기, 천연염색, 목공예 등의 작품을 제작하여 판매하고 있다. 아트숍에서는 주민들의 작품뿐만 아니라 감천문화마을 BI를 활용한 기념품과 작가들의 특색 있는 다양한 작품을 전시, 판매하고 있어 감천문화마을을 방문한 방문객의 필수 코스가 되고 있다.

공공근로로 아트숍에서 근무하게 되었다는 송미애 씨는 아트숍의 매력을 '만남'이라고 했다. 중학교 1학년 때 부모님께서 좀 더 저렴한 집을 찾아 이곳으로 이사를 오게 되었다는 송미애 씨는 아트숍에서 맺은 인연의 소중함에 대해 이야기했다.

그녀는 자신을 평생 공장에서 억척스럽게 일만 해 온 '공순이'였다고 소개했다. 그랬던 자신이 예술품과 함께 생활하게 된 것은 기적이라고까지 했다. 그녀는 이곳에서 알게 된 진선혜 해설사와의 특별한 인연을 소개하면서 감천문화마을이었기에 가능한 만남이라고 했다.

아무도 자신을 알아주지 않았던 지난 세월을 회상하며 참 슬프고 외로운 시간이었다고 했다. 그러던 그녀에게 자신을 사랑하고 아끼라는 말을 처음으로 해 준 사람이 진선혜 해설사였다. 진선혜 해설사는 송미애 씨를 사랑스러운 사람이라고 했다. 누구에게도 진정한 사랑을 받아 보지 못했던 송미애 씨는 처음으로 자신을 돌아보게 되었다. 배움도 짧고 가진 것 없는 자신을 가치 있는 사람으로 인정해 준 진선혜 해설사의 넓은 마음이 고마워 늘 감사한 마음으로 일하고 있다.

송미애 씨는 진선혜 해설사가 자신보다 나이는 어리지만 언니처럼 자신을 보살펴 준다고 했다. 여행지에서 기념품을 사 오는 것은 물론이고 선물 받은 소중한 물품도 나누어 줄 정도로 마음 씀씀이가 예쁘다고도 했다. 송미애 씨는 사랑의 보답으로 김치를 담아 진선혜 해설사에게 보내주곤 한다.

예술품과 함께 생활하게 된 것은 기적.
가치 있는 사람으로서의 삶을 살아갈 수 있는 것은
감천문화마을 이었기에 가능한 만남 덕분이다.

두 사람의 소중한 인연에 대해 열심히 설명하던 송미애 씨가 실내 디스플레이를 자신이 했노라고 소개했다. 그리고 그 순간 뿌듯함이 묻어나는 그녀의 얼굴이 눈에 들어왔다. 사랑받지 못해 스스로를 사랑하지 못했던 그녀가 자신이 무엇을 잘하는지 깨닫게 되었구나 싶어 마음 한 곳이 훈훈했다. 그러고 보니 송미애 씨는 패션 감각이 남달라 보였다. 독특한 머리핀과 튀는 색감의 스카프를 절묘하게 매치시킨 것을 보니 예술적 감각도 남다른 듯했다. 그런 재능이 있었기에 가능한 실내 디스플레이었을 것이다. 그녀는 자신이 진열해 놓은 기념품들이 팔려 나갈 때마다 가슴이 두근거린다.

비록 본인이 직접 만든 것은 아니지만 마을을 위해 노력한 결과가 결실을 얻는 것 같아 행복하다는 송미애 씨에게 다음에 다시 들르겠다는 인사를 남기고 돌아서는데 그녀가 물었다.

"물이라도 한 잔 하실래요?"

인심도 후한 그녀에게 다음에 들러 차를 한 잔 하겠노라 대답하고 문을 나섰다.

마을 기업인 아트숍에서는 이곳 주민들에게 일자리를 제공해 주는 것은 물론이고 소중한 인연까지 만들어 주고 있었다. 두 사람의 인연을 통해 감천문화마을에 담겨 있는 소중한 가치를 다시 한 번 깨닫게 된다.

마을기업 '감내카페'

마을기업 1호점 수익금은 마을 발전을 위해 사용되고 있으며, 이곳은 주민의 사랑방일 뿐만 아니라 방문객의 휴식공간이며 주민과 방문객의 소통 공간이다.

이곳 주민으로 보이는 어르신들 여러 명이 담소를 나누고 있었다. 카페 문을 열고 들어가자 모두들 입구 쪽으로 고개를 돌렸다. 카메라를 들고 어정쩡하게 서 있자니 어르신 한 분이 먼저 말을 걸어 주었다. 사람은 찍지 말고 예쁜 것만 찍으라고 하신다. 공간에 사람이 빠질 수 없는 것이라 믿고 있는 필자지만, 그 말을 흘려들을 수 없었다. 워낙 많이 찍힌다는 뒷말 때문이기도 했지만 자신들만의 시간을 누군가에게 보이기 싫지 않을까 해서였다.

평일이라 방문객보다는 마을 주민이 많아 보였다. 생각보다 작은

감내카페

실내였지만 아담해 커피 한 잔 마시며 잠시 휴식하기에 안성맞춤일 것 같았다. 마을기업이니 이곳에서 일하는 사람들 역시 마을 분들이었다. 주방에서 설거지를 하는 이모의 뒷모습이 사뭇 진지해 보였다. 마치 자신이 운영하는 가게처럼 청결함을 유지하는 것 같아 공동체가 함께 살아가는 마음가짐이란 이런 것이구나 하는 생각이 들기도 했다.

커피향 그윽한 실내에 어르신들의 나지막한 목소리가 두런두런 들리니 따뜻함이 느껴졌다. 이곳은 마을 주민과 방문객이 너 나 할 것 없이 만날 수 있는 공간이라 소통이 될 만하겠다는 생각이 들기도 했다.

잠시 앉아 문 밖의 발자국 소리에 귀를 기울였다. 천천히 다가와 잠시 멈췄다가 다시 돌아가는 발자국 소리. 가만히 듣고 있자니 발자국 소리는 감천문화마을의 숨소리 같았다. 살아 있는 것들에게서만 느껴지는 숨소리 말이다.

마을기업 '감내맛집'

감천문화마을 주민협의회가 위탁 운영하는 감내맛집은 감내분식과 감내비빔밥이 운영 중이며, 좀 있으면 어묵집도 문을 열 것이라고 한다. 맛집의 수익금은 마을발전을 위해 사용되며 주민들의 고용창출 효과도 거두고 있다.

감천문화마을은 어디를 가나 창이 있는 건물이 있다. 분식집이라고 예외는 아니다. 실내를 환하게 비추는 햇살을 바라보며 먹는 비빔밥은 더 맛날 것이다. 평일이라 한산한 실내에 중년 여인들이 모여 앉아 담소를 나누고 있었다. 창가에 앉아 마을을 내려다보며 나누는 담소는 더 특별해 보였다. 가끔 손뼉을 치며 크게 웃는 아주머니들의 환한 모습에 그분들의 젊은 날이 묻어 있는 것 같았다. 저분들도 사춘기 소녀였을 때 떡볶이며 순대며 군것질을 했겠지. 어쩌면 창이 넓은 2층 분식집에서 수다를 떨며 어른이 될 날을 상상했을 거야.

이런저런 상상을 하고 있을 때 비빔밥이 나왔다. 각종 나물 위에 놓인 달걀에 양념장을 올려 비비니 입에 침이 고인다. 콩나물과 당근이 아삭하게 씹히면서 식욕을 돋우었다. 크게 한 숟가락 입으로 가져가 열심히 씹다 보니 어느덧 빈 그릇이다. 소박한 비빔밥 맛과 어울리는 소박한 공간의 소박한 사람들이 만들어 내는 늦은 오후의 한가로움에 기분이 좋아졌다. 배가 불룩 올라오도록 맛난 밥을 먹고 창을 바라보니 천국이 여긴가 싶다.

감내맛집
감내비빔밥
감내분식

작은 박물관

이 박물관은 주민들로부터 기증받은 추억의 생활용품 70점을 비치, 마을의 옛 모습을 담은 사진과 옛날 판잣집 재현, 주민들과 예술가, 구청의 협력을 통해 진행되었던 마을의 발전 과정을 전시하고 있다.

이름 그대로 '작은 박물관'이다. 입구에서 출구까지 모퉁이를 두어 번 꺾으면 그만이다. 거짓말을 좀 보태면 입구에서 출구가 보인다. 이렇게 작은 박물관이지만 속은 알차다. 입구에서부터 감천문화마을의 역사를 볼 수 있다. 옛 지형이 그려진 지도는 물론이고 그 시절 물건들도 진열되어 있다. 그리고 감천고개라 불리던 시절부터 감천문화마을이 만들어지는 과정이 사진으로 전시되어 있다. 또 60~70년대 문화마을의 생활 모습이 담긴 사진도 전시되어 있다. 작은 박물관에서는 상상만으로는 짐작할 수 없는 당시의 생활상을 한눈에 볼 수 있어 좋다. 당시에 사용되었던 생활용품을 살펴보는 재미도 재미지만, 당시의 판잣집을 재현해 놓은 구조물도 볼 만했다. 물론 축소판으로 만들어 놓은 것이긴 하지만 이곳에서의 생활을 짐작하기에는 충분했다.

전국 각지에서 몰려든 사람들이 너 나 할 것 없이 판잣집을 지었을 당시를 생각해 보면 지금은 말 그대로 천국인 셈이다. 이곳에서 반평생을 살아온 주민들은 하나같이 입을 모은다. 지금처럼 좋은 세상에서는 상상도 못할 방식으로 살아왔노라고.

바람에 지붕이 날아가지 않도록 로프로 지붕을 이어 붙이고, 아침이면 '똥종이'를 들고 공중화장실에 길게 줄을 서야 했던 시절을 알겠냐고 반문하기도 한다. 빨래를 모아 지게에 지고 옥녀봉 샘물로 빨래하러 가던 그때를 떠올리며 회한에 젖는 어르신들의 눈이 멀리 옥녀봉을 향한다.

작은 박물관은 문화마을을 찾는 방문객에게만 의미 있는 곳이 아니라 이곳 주민들에게도 의미 있는 곳일 것 같다. 왜냐하면 당시를 살아온 주민들의 애환이 복원되어 있기 때문이다. 그 시절을 회상하며 지금은 웃을 수 있기에 그분들의 지난 시간에 감사한다. 버티고 견딘 삶의 흔적이 이렇게 문화라는 이름으로 재탄생되지 않았는가.

천덕수 우물(소원 우물)

전설이 전해 내려오는 우물이라고 한다. 그 전설은 이곳에서 홀어머니와 동생들을 돌보며 살아가던 천덕수라는 청년이 타인을 위해 덕을 쌓고 죽었다는 내용이다.

청년은 극심한 가뭄에 온 마을이 고통에 시달리는 것을 지켜보며 우물을 파기로 결심한다. 아무리 기다려도 비가 오지 않자 낙심한 마을 사람들은 부질없는 짓이라며 말렸지만, 청년은 혼자 묵묵히 우물을 파기 시작한다.

팍팍하게 살다 보니 먹을 것은 물론이고 마실 물마저 없는 열악한 상황이었지만 청년은 자신의 일신을 돌보지 않고 계속해서 우물을 파다가 결국 쓰러지고 만다. 청년은 마지막으로 비를 내려 달라고 하늘에 기도를 한다. 그리고 또 기도한다. 나에게만 고통이 있고 다

작은 박물관은 감천문화마을을 찾는
방문객에게만 의미 있는 곳이 아니라
이곳 주민들에게도 의미 있는 곳

청년은 마지막으로 비를 내려 달라고
하늘에 기도를 한다. 그리고 또
기도한다. 나에게만 고통이 있고 다른
이에게는 고통이 없게 해 달라고

른 이에게는 고통이 없게 해 달라고. 기도를 끝낸 청년은 영원히 깨어나지 못하게 됐지만 감동한 하늘이 비를 내려 가뭄의 고통에서 벗어났다고 한다.

비가 내리는 순간이 청년의 소원이 이루어진 셈이라고 믿었던 모양이다. 그래서 이 우물을 '소원 우물'이라고도 부른단다. 간절한 바람으로 우물에다 기도를 하면 소원이 이루어진다고 하니 지나가는 걸음에 들러 소원을 이루어 달라고 기도를 해 보는 것은 어떨까.

김종수 공동 우물

김종수 우물은 지금도 사용하고 있는 동네 우물이다. 왜 김종수 우물이냐고 물었더니 김종수라는 사람이 이 우물을 관리하고 있기 때문이라고 했다. 유량이 많아 물 흐르는 소리가 길가까지 들린다. 벚나무가 우거진 우물터다 보니 벚꽃잎이 눈처럼 날려 물길을 따라 흐른다.

20L 물통 하나를 채우는 데 1시간이 걸릴 정도로
유량이 작은 옹달샘이었으니 기다려 주지 않는 인심을
원망할 수만도 없는 노릇

이곳 감천문화마을에서 물이란 참으로 중요한 의미가 있다. 손판암 할아버지의 말에 따르면 문화마을의 안동네를 '딱딱골'이라 불렀다. 딱딱골 아래에는 옹달샘이 있었다. 그 옹달샘은 유량이 많지 않았지만 마을 사람들에게는 소중한 샘이었다. 물이 귀한 동네라 바위와 바위 사이에 고인 작은 물마저도 귀했다.

물 한 통 받는 데 1시간 이상 소요되었다니 그 옹달샘의 유량을 짐작해 볼 수 있을 것 같다. 옹달샘에 고이는 물을 받기 위해 밤새 물통 줄을 서서 순번을 기다렸다. 가구마다 가족수만큼의 물통을 들고 나가 줄을 세워 두고 수시로 자기 가족 차례가 되었는지 확인하곤 했는데, 자칫 그 순간을 놓치게 되면 기다려 주는 법이 없었다. 그도 그럴 것이 20L 물통 하나를 채우는 데 1시간이 걸릴 정도로 유량이 작은 옹달샘이었으니 기다려 주지 않은 인심을 원망할 수만도 없는 노릇인 것 같다.

비라도 푸지게 내리고 난 다음 날이면 집집마다 지게에 빨래를 짊어지고 옥녀봉 골에 있는 옥녀샘으로 빨래를 하러 갔다. 마실 물도 모자라는 마당에 빨래라니 언감생심이었다. 집집마다 지게에 빨래를 담아 남편이 지고 가면 아내들은 자리를 잡고 앉아 빨래를 해서 옥녀봉 양지에 널어 말렸다. 바람이라면 둘째 가기 서러운 골이었으니 빨래 말리는 일은 수월했다.

그런 시절을 살았다며 말을 잇는 손판암 할아버지의 '물' 관련 이야기 중 단연 으뜸은 집을 짓기 위해 사용했다는 하수 이야기였다.

1967년 당시 할아버지는 집을 짓기로 했다. 한 푼이라도 아끼자 싶었던 할아버지는 직접 집을 짓기로 하고 자재를 사다 공사를 시작했다. 나무로 틀을 잡고 철근을 엮는 것까지는 그리 힘들지 않았다. 집을 지으면서 가장 힘들었던 것은 다름 아닌 물이었다.

물 한 동이에 2원 하던 시절이었다. 물값이 쌀값만큼이나 비싸던 시절이었으니 공사에 쓸 물을 산다는 것은 그야말로 거금이 들어가는 일이었다. 그래서 할아버지는 꾀를 냈다. 당시 동네 입구에 있는

할아버지는 하수구로 흘러 내려오는
하수를 받아서 집을 지었다.
하수 두 동이에 2원 주고 사 온 물
한 동이를 타서 사용했단다.

'감로탕' 주인을 찾아가 목욕탕에서 버리는 하수를 좀 받아다가 쓸 수 있도록 해 달라는 부탁을 한 것이다. 그런데 보기 좋게 거절을 당했다. 이유는 알 수 없지만 당시 '감로탕' 주인은 바다로 흘러가 버릴 구정물 사용을 허락하지 않았다.

할 수 없었던 할아버지는 하수구로 흘러 내려오는 하수를 받아서 집을 지었다. 하수 두 동이에 2원 주고 사 온 새 물 한 동이를 타서 사용했다. 왜 물을 섞었느냐고 여쭈었더니, 하수에 들어 있는 소금 성분이 철근을 녹슬게 할 것 같아 스스로 찾아낸 궁여지책이었다는 것이다.

"고춧가루 가라앉으라고 하수 받아다 하룻밤 가라앉혀서, 2원 주고 사 온 물이랑 섞어서 시멘트를 으깨서 집을 짓고…… 그런 세월을 살았다."

한숨을 짓는 할아버지의 주름진 얼굴에 한 자락 회한이 지나갔다.

물. 감천문화마을에서의 물이란 삶이었다. 지금도 우물터가 많이 남아 있다. 그중 사용 가능한 우물은 지금도 마을 사람들이 사용하고 있고, 앞으로 우물을 더 복원할 계획도 있다. 우물 관리자의 이름을 따 우물 이름을 짓는 것이 그냥 그렇게 된 것이 아님을 알게 되니 '김종수 우물'을 그냥 지나칠 수 없었다.

우물 기둥에 걸려 있는 푸른 바가지로 물 한 바가지를 퍼 슬쩍 흘려 보낸다. 물은 언덕진 길을 따라 잘도 흘러 내려간다. 저 물이 감천 앞바다로 흘러 들어가려니 싶어 물줄기가 보이지 않을 때까지 한참을 바라보았다.

감천2동 시장(감천 아지매 밥집)

감천문화마을 입구에서 감천사거리 방향으로 내려가다 태극도 정문 쪽으로 들어가면 감천2동 시장 입구가 보인다. 타일 벽화부터 설치 미술 작품까지 재래시장과는 어울리지 않는 색감들이 눈에 띈다. 배기구를 장식한 타일 그림, 시장 천장에 매달린 알록달록한 모빌 모양들이 낯설다. 재래시장 하면 왁자지껄한 사람 소리와 푸짐한 음식들이 먼저여야 하는데 한적한 골목에는 사람보다 그림이 많다.

분명 감천문화마을과 함께했을 시장인데도 불구하고 너무 한적해 좀 서운했는데 이곳 감천2동 재래시장에 새로운 바람이 불기 시작했다. 바람의 주인공은 '감천 아지매 밥집'이다. 감천에서 살아가고 있는 아지매 6명이 밥집을 낸 것이다. 작년 11월에 문을 연 이후 입소문을 타고 손님들이 찾아오기 시작했다.

아주머니들은 평일 늦은 오후 시간에도 식당에 모여 음식을 만드느라 여념이 없다. 굵은 무와 튼실한 배추를 다듬는 손길이 분주하다. 먹어 보지 않아도 그 맛을 짐작하게 만드는 아지매들의 웃음소리가 정겹다. 그냥 지나치려다 들렀다는 말에 '시장표' 프림 커피 한 잔을 내주신다. 감사히 마시며 아지매들의 일손을 구경했다.

아지매 식당의 대표 음식 '고등어 추어탕'과 '고등어 구이'이다. 문을 연 지 6개월이 되지 않았는데도 방문객들이 입소문을 타고 찾아온다. '감천 아지매 밥집'은 사하구청이 감천문화마을의 음식점 부족 현상을 해소하기 위해 인근 감천2동 시장에 문을 연, 공인 1호 밥집이다. 마을에서 식당을 운영하는 '엄마손 협동조합' 회원 6명이 감천 아지매 밥집을 운영하고 이다.

비싸고 구하기 힘든 미꾸라지 대신 값싸고 구하기 쉬운 고등어를 넣은 것. 지금이야 미꾸라지를 쉽게 구할 수 있다지만, 한 끼를 때우기도 힘들었던 시절 미꾸라지는 언감생심 생각도 못했을 것

이 집의 대표 메뉴가 고등어 추어탕과 구이가 된 데에는 이곳만의 사연이 있다. 감천문화마을 주민들은 옛부터 추어탕을 끓일 때 미꾸라지 대신 고등어를 넣었다. 비싸고 구하기 힘든 미꾸라지 대신 값싸고 구하기 쉬운 고등어를 넣은 것이다. 지금이야 미꾸라지를 쉽게 구할 수 있다지만, 한 끼를 때우기도 힘들었던 시절 미꾸라지는 언감생심 생각도 못했을 것이다. 그러다 찾아낸 식재료가 고등어였다. 자갈치나 충무동 새벽시장에 가면 널린 것이 고등어였을 테니 고등어를 푹 고아 으깨고 시래기를 넣어 끓여 먹었을 것이다. 서글픈 사연에서 태어난 고등어 추어탕이지만 맛이 담백하고 시원해 지금까지 주민들이 즐기는 먹거리이다. 감천 아지매 밥집은 오전 9시부터 오후 6시까지 영업을 하면서 어묵탕과 해물파전, 비빔당면 등도 판매한다. 아쉽지만 일요일은 쉰다. 아지매들도 휴일 하루는 쉬어야 하니 아쉽더라도 이해해야 할 대목이다.

밥버거 등을 판매하는 감천문화마을 공인 2호 밥집도 근처에 문을 열 계획이라고 한다. 앞으로 이들 밥집을 감천문화마을 '스탬프 투어 코스'에 포함하면, 더 많은 방문객들이 식당들을 찾고 고등어 추어탕을 맛볼 것으로 기대된다.*

---

* http://news20.busan.com/controller/newsController.jsp?newsId=20150106000066

뭐 먹을까?

할매 칼국수

동그란 얼굴의 할머니께서 투박하게 담아 내는 칼국수 한 그릇. 할머니는 팔순이시다. 놀랍다. 팔순의 할머니가 너무도 귀여워서다. 나이 열아홉에 감천 마을로 이사를 왔다. 그리고 그때부터 장사를 했다. 김밥을 말아 대야에 이고 내다 팔기도 했다. 평생 장사만 한 할머니의 손끝에서 만들어진 칼국수는 한 그릇에 3천 원이다. 맑은 국물에 양념장을 타서 먹으면 그 맛의 진가를 알게 된다. 쫄깃한 면발은 나름의 노하우가 있다. 그러나 할머니께서는 비밀이라고 하신다. 테이블도 하나다. 운이 좋으며 의자에 앉아 먹을 수 있다. 동네 어르신들은 가져온 냄비에 칼국수를 사 가는 눈치다.

그런데 얼마 전 할머니의 칼국수 가게는 후미진 뒷골목으로 이사를 갔다. 큰길에 있던 가게에 다른 사람이 장사를 하게 되었기 때문이다. 할머니는 이제 자신이 살고 있는 집 부엌과 방에서 손님을 맞이한다. 여전히 칼국수와 김밥을 팔고 있다. 할머니 방은 아무래도 VIP 전용 좌석인 것 같다. 창문으로 내다보이는 풍경이 일품이기 때문이다.

손끝에서 만들어진 칼국수는 한 그릇에 3천 원이다. 맑은 국물에 양념장을 타서 먹으면 그 맛의 진가를 알게 된다.

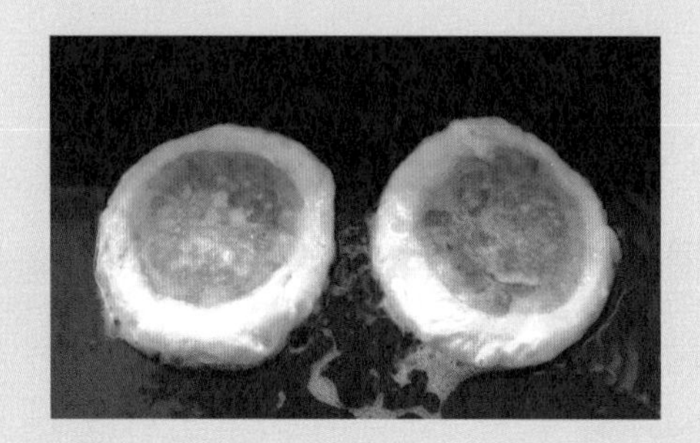

종이컵에 반을 잘라 담아 주는 야채 호떡은 감천문화마을에서만 맛볼 수 있다.

고소한 치즈에 달콤한 닭강정의 조합이란 맛을 보아야 알 것이다.

야채 호떡과 씨앗 호떡

씨앗 호떡이야 그런가 보다 했다. 그런데 야채 호떡이라고? 첫 입에 칼칼한 맛이 느껴졌다. 칼칼함 끝에 전해지는 쫄깃한 맛은 오도독 씹히는 씨앗 호떡과는 상반된 맛이다. 종이컵에 반을 잘라 담아주는 야채 호떡은 감천문화마을에서만 맛볼 수 있다. 주인 아주머니께서 개발하신 메뉴란다. 아주머니께서 연구를 좀(?) 하셨다고 소개한다. 그래서인지 연구를 좀 하신 맛이 느껴진다. 떡볶이와 어묵 역시 소박한 맛을 자랑하는 이곳의 먹거리다. 출출한 속을 쉽게 달래주는 호떡과 어묵은 주머니가 가벼워도 부담이 없다.

땡초 불닭, 닭강정

어딜 가나 빠지면 서운한 한국인의 먹거리 닭. 감천문화마을에도 닭으로 만든 간식이 있다. 다름 아닌 닭강정. 그런데 그 종류가 다양하다. 야채 크림, 치즈, 허니버터. 요즘 사람들은 각자 개성에 맞는 맛을 선호하는 편이니 탁월한 주인의 메뉴 선택이 눈길을 끈다. 야채와 부드러운 치즈의 어울림을 즐기고 싶을 수도 있고, 고소한 치즈에 달콤한 닭강정의 조합이란 맛을 보아야 알 것이다. 최고의 인기를 자랑하는 허니버터에는 마늘 가루를 뿌려 그 맛이 오묘하다. 이 역시 맛을 보면 알 터이니, 좀 출출하더라고 배고픔을 참고 감천문화마을 입구까지 들어가야 한다.

씨앗 호두빵

호두빵이다. 그런데 그 안에 씨앗이 들었다. 우리가 알고 있는 호두빵이 아니기에 더 손이 간다. 한 입에 쏙 들어가는 크기에 다양한 씨앗을 채워 넣었다. 호두빵에 들어가는 씨앗은 해바라기씨, 호박씨, 땅콩가루다. 고소한 재료들의 조합답게 고소한 것은 물론이고 씹히는 식감 역시 고소하다. 씨앗 호떡에서 힌트를 얻어 만들었지만 기름을 사용하지 않아 느끼하지 않다.

주인 박수용 씨 역시 많은 연구 끝에 반죽에 씨앗을 심는 방법을 발견하게 되었다. 박용수 씨가 처음 팔았던 것은 붕어빵이다. 그러던 중 감천문화마을에 구멍가게 '언덕 위의 집'을 짓고 씨앗 호두빵을 만들기 시작했다.

수제 핫도그

케첩을 듬뿍 뿌리거나 설탕을 묻혀 한입 베어 물면 온 세상을 다 가진 듯 가슴이 뿌듯하다. 겉에 붙어 바삭함을 더해 주는 빵가루가 입속에서 터질 때의 그 행복함이란! 그런데 감천문화마을에는 그런 황홀한 핫도그가 아닌 소박한 수제 핫도그가 있다. 자부심에 가득 찬 주인 이모의 한 마디.

"우리 핫도그는 옛날 소시지에 홑겹으로 밀가루 옷을 입혀서 기름에 튀겨 판매한다."

그래서 그런지 눈으로 보기에도 소박한 모양새다. 요즘 흔히 볼 수 있는 두툼한 핫도그가 아닌 날씬한 핫도그. 그 맛도 담백하다. 기름기 가득한 고소함이 아니라 밀가루의 쫄깃한 맛이 그대로 느껴져 진하지 않은 케첩과 잘 어울린다.

고래사 어묵

감내 분식 아래층에 문을 연 어묵집을 보고 있노라면 그 옛날 '호떡집에 불났다'는 말이 생각한다. 평일은 물론이고 주말이면 어김없이 사람들로 장사진을 이루기 때문이다. 감천문화마을 마을 기업인 '고래사 어묵'은 많은 방문객이 부산 어묵을 좀 더 편리하게 맛볼 수 있도록 감천문화마을 안에 만들었다.

이곳에서는 다양한 어묵뿐만 아니라 다양한 어묵 고로케도 맛볼 수 있다. 부산 어묵의 특징이라 할 수 있는 쫀득한 맛과 풍부한 향이 일품이다. 출출한 속을 달래 줄 간식으로 어묵만한 것이 또 있을까? 향긋하고 쫄깃한 맛을 즐기는 것이 마을에 보탬이 되는 것이라고 하니 이것이야말로 일석이조다. 새롭게 문을 연 '고래사 어묵' 역시 감천문화마을의 마을 기업으로 자리매김하게 되길 바란다. 주민들에게 새롭게 생긴 일자리에서 고소한 냄새가 난다.

수제 햄버거와 토스트

아기자기한 가게 입구에 눈이 간다. 문을 열자 이 집의 마스코트인 몽이가 반갑게 맞이한다. 그런데 이 녀석, 여자를 좋아한단다. 남자 손님, 특히 겁이 많은 남자 손님을 향해서는 사정없이 짖어 댄다. 테이블 하나가 전부인 가게에 강아지를 위한 공간을 내준 걸 보니 주인아저씨가 강아지를 무척 사랑하는 모양이다.

햄버거와 토스트가 구워지는 모습을 구경하며 몽이와 놀다 보니 맛난 햄버거와 토스트가 나왔다. 어른 주먹만 한 햄버거는 사장님이 직접 만든 소스를 곁들여 그 맛이 담백하다. 자주색 양파의 아삭한 맛이 패티와 어우러져 풍미가 좋다.

뒤이어 맛보게 된 토스트. 사장님의 특급 칭찬이 이어졌다. 왜냐하면 토스트는 사모님의 솜씨기 때문이다. 각종 과일을 기본으로 한 소스는 달콤했다. 그런데 이 단맛은 인공의 단맛이 아니다. 자극적이지 않은 달콤함에서 천연 과일의 맛이 느껴졌다. 거기다 직접 토스트기에 구운 빵의 바삭한 식감이 일품이다. 너무 저렴한 가격이 걱정스러울 정도다.

양산에서 푸드카를 운영하던 사장님 부부가 문화마을에 터를 잡은 것은 얼마 되지 않았다. 하지만 감천문화마을에 대한 사랑은 누구보다 뜨거웠다. 길을 묻는 방문객에게 일일이 대답하는 사장님의 웃는 얼굴이 보기 좋다.

한 입에 쏙 들어가는 크기에 다양한 씨앗을 채워 넣었다.

다양한 어묵뿐만 아니라 다양한 어묵 고로케도 맛볼 수 있다.

어른 주먹만 한 햄버거는 사장님이 직접 만든 소스를 곁들여 그 맛이 담백하다.

"우리 핫도그는 옛날 소시지에 홑겹으로 밀가루 옷을 입혀서 기름에 튀겨 판매한다."

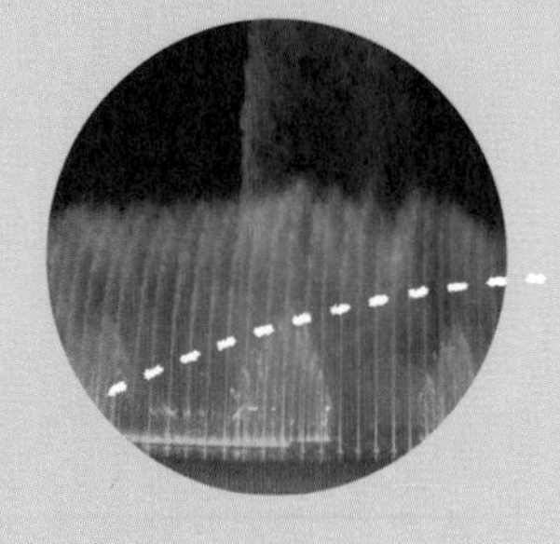

부록

또 어디 갈까?

송도 해수욕장

송도 해수욕장은 서구 아미동과 사하구 괴정동을 잇는 고개 아래 위치해 있다. 우리나라 1호 해수욕장으로 지난 2013년 개장 100주년을 맞이했다. 2000년대 이후 정비 사업을 벌여 지금에 이르고 있다.

해수욕장 오른쪽에 자생하는 소나무 숲을 따서 송도라 이름 지었다. 1913년 근대식 해수욕장으로 개장한 이후 1964년 거북섬과 해수욕장을 잇는 케이블카가 설치되기까지 다양한 모습으로 변모했지만 한국 전쟁 이후 늘어난 관광객으로 인해 음식점과 숙박시설이 들어서면서 오염되어 해수욕장으로서의 기능을 상실하게 된다.

그러나 2000년대 이후 정비 사업을 거쳐 지금의 모습에 이르렀다. 송도의 물은 사파이어 빛이다. 바닷속이 훤히 들여다보일 만큼 물이 맑은 것도 매력이다. 또한 송도는 도로에서 해변까지의 거리가 멀지 않아 접근성이 좋다. 잔잔한 파도에 몸을 맡기고 갈매기 소리를 들을 수 있는 한적함도 송도만의 자랑거리다.

편의시설 : 분수대(1곳) · 파고라 등(14종) · 스탠드(7개소)
램프(11개소) · 산책길(1600m)

분수 가동기간 : 해수욕장 개장 기간
가동시간 : 11시, 14시, 17시, 19시(4회)
→ 각 30분씩 가동

송도 해수욕장 음악분수
가동기간 : 6월~10월
가동시간 : 20:00, 21:00(2회) → 6월, 9월,10월
20:30, 21:30(2회) → 7월, 8월

아미산 전망대

아미산 전망대는 아미산 남쪽 끝자락에 위치해 있는 곳으로 모래섬, 철새, 낙조 등 천혜의 전경을 조망할 수 있는 곳이다. 특히 낙동강 하구의 모습과 삼각주의 형성과정, 지질에 대한 자료를 알기 쉽게 전시하고 있다

아미산 전망대는 대한민국 10경에 들어간다는 낙동강 낙조를 마음 편히 볼 수 있는 곳이다. 낙동강 하류까지 흘러 내려온 모래와 흙더미들이 섬처럼 형성된 지형을 등이라 하는데 이 역시 아미산 전망대에서 볼 수 있다.

강 하류에 형성되는 다양한 '등'을 물들이는 낙조의 아름다움은 찰나의 기쁨이니 시간을 잘 맞춰야 한다. 전망대가 언덕에 위치해 있어 시원한 바닷바람도 실컷 맛볼 수 있다. 바람 끝에 느껴지는 짭짜름한 바다 내음을 맡으며 석양을 바라보고 있노라면 모든 상념이 사

라지는 듯하다.

이곳 아미산 전망대에서는 다대포 해수욕장의 넓은 모래사장을 덤으로 볼 수 있다. 강과 바다가 만나는 지점이기도 한 다대포 해수욕장은 유난히 백사장이 깊다. 썰물과 밀물의 편차가 많이 나는 곳이라 모래가 갯벌 같은 느낌을 주기도 한다. 간혹 모래사장에 난 구멍에서 작은 새끼 게들을 만나기도 한다. 그뿐인가 엉덩이를 깔고 앉아 모래를 밀어내다 보면 엄지손톱만 한 조개도 볼 수 있다. 그 옛날 재첩이 지천이었다는 명성에 걸맞게 조개잡이로 시간을 보내는 것도 좋을 것 같다.

관람시간 : 09:00~18:00 (17:00까지 입장)
휴관일 : 1월 1일, 월요일(공휴일인 경우 그 다음 날)
관람료 : 무료

다대포 꿈의 낙조분수

2010년 3월 27일 개장을 시작으로 매년 4월부터 10월까지 개장·운영하고 있다. 낙조분수는 면적 7,731m^2, 원형 지름 60m, 둘레 180m, 분수 바닥 면적 2,519m^2, 최대 물높이 55m로 세계 최대 규모로 (사)한국기록원으로부터 대한민국 및 세계 최대 기록으로 인증서를 받은 바 있다. 2010년 3월 27일 기네스월드레코드에 '세계 최대 바닥분수'로 등재되었다.

어둠이 내리는 서쪽하늘을 배경으로 분수가 솟아오른다. 드보르작의 신세계 4악장이 연주되는 순간 온몸에 전율이 흐른다. 음악은 바닷바람과 함께 사람들 사이를 휘젓고 분수에서 솟아오른 물줄기는 허공을 휘저으며 환상적인 모습을 연출한다.

공연 시작 한 시간 전부터 공연장 가장자리에 의자가 진열되고 어둠이 내리는 동안 하나둘 사람들이 모여들었다. 각국에서 부산을 찾은 외국인 관광객은 물론이고 각 지방에서 부산을 찾은 관광객까지 자리를 매우고, 얼마지 않아 공연이 시작되었다. 음악에 맞춰 춤추던 물줄기가 하늘로 치솟는 순간 여기저기 탄성이 터져 나왔다. 세계 최대 높이라는 중앙 분수가 어둠을 뚫고 하늘로 오르는 모습은 참으로 장쾌하여 보는 이들의 마음을 시원하게 한다.

삼십여 분가량 이어지는 공연을 지켜보면서 물줄기가 빛을 만나 만들어낸 아름다운 세계에 흠뻑 젖었다. 형체가 없는 물과 잡을 수 없는 빛이 사람의 마음을 사로잡는 데는 그리 많은 시간이 필요치 않아 보였다. 정규 공연이 끝나고 이어진 체험 분수쇼는 어른 아이 할 것 없이 마음껏 물을 즐길 수 있는 시간이다.

분수 운영시간
하절기 : 평일(오후 8시) 주말(오후 8시, 9시)
동절기 : 평일(오후 7시 30분) 주말(오후 7시, 9시)

몰운대

몰운대(沒雲臺)는 부산시 기념물 제27호이다. 이곳에는 정운장군 순의비와 부산광역시 유형문화제 제3호인 다대포 객사가 있다.

다대포 해수욕장 오른편에 자리한 숲. 몰운대다. 해류의 영향으로 안개와 구름이 많아 섬이 보이지 않는다 하여 몰운대라 불리게 되었다고 한다. 이름에 걸맞게 고즈넉한 몰운대는 솔숲이 우거져 천천히 걷기에 그만이다. 솔바람 사이로 파도 소리가 들리고 숲에서 풍겨 오는 향기로운 꽃향기 사이로 바다 냄새가 난다. 오랜 세월 자리를 잡은 소나무의 그윽한 향은 또 어떻고.

부산에는 바다와 숲이 만나는 곳이 더러 있다. 그런데 그중에서도 몰운대가 으뜸이지 않나 싶다. 도심 가운데 있지만 깊은 숲 속에 온

듯한 느낌이 드는 것은 물론이고 눈앞에 펼쳐진 기암괴석은 시간마저 태고로 돌려놓는 듯하다. 생각없이 돌아선 길목에서 만난 자갈마당의 정갈함에 절로 탄성이 나온다. 사람 하나 지나갈 정도로 좁은 길을 사이에 두고 건너편에는 펼쳐진 모래사장은 말 그대로 평화롭다.

몰운대 낙조 전망대 : 유원지 서측 해안에 위치
몰운대 공원 입장 시간 : 오후 5시까지 입장 완료

감천문화마을을 한 바퀴 돌았다면 몰운대로 가자. 여유롭게 산길을 걷다 석양이 지면 아미산 전망대에 올라 노을을 바라보자. 사람을 물들이는 노을의 은은함에 스르르 눈이 감길지도 모른다. 하지만 늦어서는 안 된다. 곧 시작될 분수쇼를 보기 위해 꿈의 낙조분수로 가야 하니까.

사람이 만든 물줄기와 바다와 하늘 그리고 바람이 만나는 순간을 오롯이 즐기고 나면 '아, 부산!'이라는 탄성이 절로 나올 것이다.

:: 같이 보면 좋은 책 ::

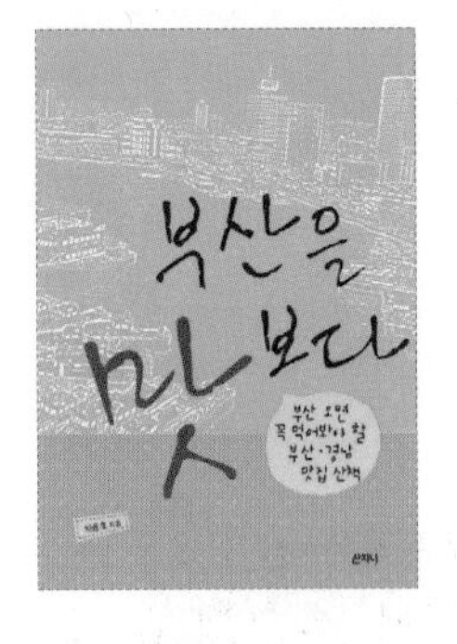

부산을 맛보다

부산 오면 꼭 먹어봐야 할 부산 · 경남 맛집 산책

박종호 지음 | 신국판 컬러 270쪽 | 15,000원 | 2011년 6월 20일

돼지국밥, 생선회, 밀면, 양곱창, 부산 오뎅 등 부산에 오면 꼭 먹어봐야 하는 명물음식의 유래와 대표 맛집을 소개하고 있다. 계절에 따라 먹으면 더 맛있는 음식, 부산과 경남의 지역별 맛집을 찾아보기 쉽도록 일목요연하게 정리했다. 또한 부산의 대표적인 이색 카페와 연인끼리, 가족끼리, 모임별로 가기에 좋은 장소들을 따로 엄선해 소개하였다.

규슈, 백년의 맛 *지역신문발전위원회 지원도서

규슈 백년 가게, 그 맛과 비법을 찾아서

박종호, 김종열 지음 | 신국판 256쪽 | 16,000원 | 2013년 12월 13일

규슈 지역의 오래된 맛집을 탐방하며 그들의 문화와 영업 노하우, 전통을 잇는 자부심, 그리고 대를 이어 음식을 만들며 전통을 지켜나가는 사람들의 이야기를 담아냈다. 책에 실린 다양한 사람들의 이야기 속에 한 가문의 일대기를 생생하게 녹였으며, 가게의 위기와 그 극복과정 또한 상세히 기술되어 있다.

길 위에서 부산을 보다 부산 스토리텔링북

임회숙 지음 | 신국판 컬러 255쪽 | 15,000원 | 2012년 11월 19일

부산의 숨은 이야기를 발견하며 오감으로 부산을 느끼게 해주는 부산관광 스토리여행서. 부산에서 태어나고 자란 저자가 발견한 부산 이야기는 단지 보고 마시고 즐기는 관광에서 벗어나 한 도시를 차근차근 알아가게 해준다.

배낭에 문화를 담다

태국, 라오스, 캄보디아, 미얀마 여행기

민병욱 지음 | 신국판 244쪽 | 15,000원 | 2015년 4월 15일

2010년부터 동남아시아 배낭여행을 하며 차곡차곡 담아온 이야기를 풀어낸 책이다. 혼자만의 배낭여행이기에 주어지는 자유를 만끽하며, 저자는 문화예술과 자연에서 역사와 사회를 읽는다. 핵심을 짚는 묘사와 적절한 인용문은 여행의 낭만을 살리고 현지 분위기를 포착한다.

서른에 떠난 세계일주

윤유빈 지음 | 신국판 276쪽 | 13,000원 | 2010년 1월 25일

365일간 6대륙, 30개국, 135개 도시를 여행하는 가운데 만난 지구촌 사람들의 이야기를 담고 있다. 역사, 지리, 문화, 종교 등으로 복잡하게 얽히고설킨 대륙을 넘나들며 세계사의 흐름과 현재의 지구촌 정세를 담고 있는가 하면, 과거 '힘의 논리'가 현재까지 어떻게 이어져 오는지에 대해서도 조명하고 있다. '지구별 단상'이란 코너를 통해 여행 중 겪은 에피소드를 소개, 진지함과 재미의 균형 또한 맞추고 있다.

기차가 걸린 풍경 나여경 여행산문집

***2013 문화예술위원회 우수문학도서**

나여경 지음 | 신국판 컬러 264쪽 | 16,000 원 | 2013년 7월 29일

소설 『불온한 식탁』으로 독자들에게 많은 사랑을 받아온 나여경 작가가 이번에는 인적이 드물어 간이역이 되었거나 폐역이 된 기차역들을 찾아 떠난다. 지나간 추억을 어루만지며 작가는 특유의 섬세함과 내밀함으로 기차역 주변 풍경과 시간을 재해석한다.

시내버스 타고 길과 사람 100배 즐기기

김훤주 지음 | 크라운판 컬러 352쪽 | 20,000원 | 2012년 6월 11일

***2012 문화체육관광부 우수교양도서 *2014 환경부 우수 환경도서**

경상남도, 푸근한 풍경의 공간

여행에서 만난 사람들의 이야기와 함께 '버스 여행'의 색다른 묘미를 엿볼 수 있게 한다. 〈경남도민일보〉 기자로 활동하면서 직접 발로 뛰며 취재한 저자의 흔적이 돋보이는 생생한 여행수기이다.

걷고 싶은 길 경남 · 부산 근교 꼭 걷고 싶은 산책길

***지역신문발전위원회 지원도서**

이일균 지음 | 신국판 컬러 256쪽 | 13,000원 | 2006년 10월 20일

어느덧 걷는 즐거움을 잊어버리고 사는 사람이 많다. 게으른 탓도 있겠지만 주변에 걸을 만한 길을 잘 모르기 때문이기도 하다. 무심코 지나쳤던 길, 미처 알지 못했던 길의 재미를 찾아 발걸음을 옮겨보자.

아줌마 기자, 낙남정맥에 도전하다

***지역신문발전위원회 지원도서**

이수경 지음 | 신국판 컬러 234쪽 | 13,000원 | 2006년 10월 20일

낙동강에서 지리산까지 400km 낙남정맥 트레킹

낙남정맥의 산에 기대어 살아가고 있는 사람들을 인터뷰하고 환경파괴의 현장을 고발하며 한발 한발 정맥을 밟으면서 느끼는 감상을 재밌게 서술하고 있다.